陈一冰给孩子的勇敢书

GEI DUISHOU YI GE WEIXIAO

给对手一个微笑

陈一冰 著

U0782479

GUANGXI NORMAL UNIVERSITY PRESS

广西师范大学出版社

·桂林·

出版统筹：汤文辉
选题策划：王　津
责任编辑：熊　隽　许淑贤　张　盟
美术编辑：卜翠红
版权联络：张耀霖
营销主管：耿　磊
责任技编：郭　鹏

图书在版编目（CIP）数据

给对手一个微笑 / 陈一冰著. —桂林：广西师范大学
出版社，2016.9（2023.3 重印）
　（陈一冰给孩子的勇敢书）
　ISBN 978-7-5495-8566-3

　Ⅰ. ①给… Ⅱ. ①陈… Ⅲ. ①成功心理－少儿读物
Ⅳ. ①B848.4-49

　中国版本图书馆 CIP 数据核字（2016）第 181268 号

广西师范大学出版社出版发行
（ 广西桂林市五里店路 9 号　邮政编码：541004 ）
　网址：http://www.bbtpress.com
出版人：黄轩庄
全国新华书店经销
北京盛通印刷股份有限公司印刷
（北京经济技术开发区经海三路 18 号　邮政编码：100176）
开本：880 mm × 1 240 mm　1/32
印张：6.375　　　　字数：96 千字
2016 年 9 月第 1 版　　2023 年 3 月第 5 次印刷
定价：19.80 元

如发现印装质量问题，影响阅读，请与出版社发行部门联系调换。

序言

    1952年6月10日，毛泽东主席为新中国体育工作题写了"发展体育运动，增强人民体质"十二个大字。看似简单的两句话，却道出了体育的真谛，指明了体育的方向，体育的功能开始深入人心，体育活动在我国轰轰烈烈地发展起来。

    1984年7月29日，中国射击运动员许海峰在第23届洛杉矶奥运会上为中国夺得第一枚金牌，我国实现了奥运金牌零的突破，极大地鼓舞了海内外中华儿女。

    2001年7月13日，北京成功申办2008年第29届奥运会。在圆满举办了一届无与伦比的夏季奥运会之后，2015年7月31日，北京携手张家口成功申办2022年冬季奥运会，创造了在同一个城市既举办夏季奥运会，又举办冬季奥运会的历史，谱写了中国参与奥林匹克运动的新篇章。

    每一届奥运会都是世界各国优秀选手切磋交流技艺、增进团结友谊的舞台，也是奥林匹克精神和理念传播普及的平台。陈一冰是我国著名的体操运动员，在2012年伦敦奥运会上以一套近乎完美的高难度动作，征服了全世界的观众，虽然与金牌失之交臂，夺得男子吊环项目的银牌，但其淡定、从容、大气的微笑，深刻地诠释了"和平、友谊、团结"的奥林匹克精神和"参与比取胜更重要"的奥林匹克格言，既充分体现了他个人的人格魅力，也展示了中国运动员的良好形象。

退役后的陈一冰，依然积极投身于体育公益事业。初为人父的他，深知青少年是祖国的希望和民族的未来，青少年的身体素质和健康水平关系着国家和民族的前途命运。作为一名专业运动员、作为一名父亲，他觉得自己应该为孩子们做些事情。因此，他为青少年专门创作了"陈一冰给孩子的勇敢书"，这套书从相互理解、友谊长久、团结一致和公平竞争四个方面向全国青少年讲述体育的历史、介绍体育的含义、传播体育的知识、弘扬奥林匹克精神。在每本书的最后，还根据自己多年来积累的运动知识和训练经验，为青少年进行体育锻炼提出了科学的建议。相信这套书对广大青少年读者会有很大的帮助，也希望通过这套书能让更多的青少年爱上体育运动、掌握专业的体育知识、理解真正的体育精神、练就健康强壮的身体，从而为推进健康中国建设做出个人的贡献！

于再清

2016 年 8 月 16 日

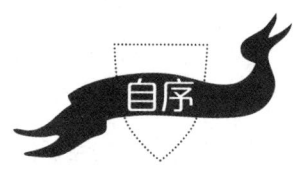

自序

在人类社会漫长的发展历程中，古代国家之间、民族之间的联系和交往是非常有限的。当时的人们只是生活在本国家、本民族的一个小圈子里，对于其他国家、民族缺乏了解和认知，人与人之间的感情也是淡漠的。国家之间、民族之间总是因为种种矛盾不断地爆发着大大小小的战争，而人民早已经厌倦了这种永无休止的争斗，他们渴望和平、渴望友谊，可是又不知道从何处获得和平、获得友谊。

正当人们焦虑、无奈、彷徨时，奥林匹克运动会来了！这一国际性运动会的到来彻底打破了人与人之间、国家与国家之间、民族与民族之间的界限，让全世界人民汇聚到了一起，成就了一场空前规模的、伟大的友谊聚会。

奥林匹克运动会的核心精神是什么？《奥林匹克宪章》指出，奥运精神就是相互了解、友谊、团结和公平竞争的精神。它的目的就在于为奥林匹克运动提供必不可少的文化氛围和精神境界。只有在这样的氛围和境界中，人们才会跨越文化之间的差异、矛盾和冲突，使全世界呈现一片欣欣向荣的场景；只有在这样的氛围和境界中，人们才会跳出本民族的局限，去认知和理解本民族之外的世界，进而彼此成为朋友；只有在这样的氛围和境界中，人们才能更加深刻地认识自己、丰富自己，并实现真正意义上的国际交流。如果没有相互了解、友谊、团结和公平竞争的奥运精神，奥林匹克运动就不可能得到彻底的贯彻，奥林匹克运动也就无法实现其促进世界和平与建立美好世界的目标。

"通过没有任何歧视、具有奥林匹克精神——以友谊、团结和公平精神互相了解的体育活动来教育青年，从而为建立一个和平的更美好的世界做出贡献。"这是奥林匹克运动会最根本的宗旨。在这一宗旨中，友谊的分量占有很大的比重。

这些年来，我一直为奥林匹克运动中所展现出的友谊精神感动着，也一直想在这方面做一些自己力所能及的事，恰逢广西师范大学出版社给了我这个机会，让我得以把这种精神传播出去。

这样做的原因有两个：一方面，奥林匹克运动可以架设沟通各国人民之间的友谊桥梁，增进不同民族、不同文化的人们之间的相互了解，促进世界和平，减少战争带来的危害，促进人类社会向真善美的方向发展。另一方面，奥林匹克运动以富有人文精神的体育运动作为实现自己宗旨的途径，并在全世界人民之间建立起友谊的纽带。

无论从哪方面来看，作为世界人民中的一分子，我们都有责任为奥林匹克运动会做出一份贡献，哪怕是微薄的。我也相信，全世界的人民都有这样的想法，并为之努力着！

目录
CONTENTS

友谊是奥运与全世界的约定

友谊是什么？

友谊好比是夏季奥运会上的一汪清泉，

可以使精疲力竭者看到胜利的希望。

友谊是什么？

友谊好比是冬季奥运会上的一抹阳光，

可以让寒冷的人们感到温暖。

友谊是什么？

友谊是奥运与全世界的一个约定，

也是全人类的一个约定。

★奥运历史★

由"战争"带来的友谊与和平

奥林匹亚——奥林匹克运动的发源地

奥林匹克运动会可以说是世界上最大的运动会。它最早发源于古希腊，具有悠久的历史。那时候的古希腊人特别喜欢体育竞技，他们每年在祭祀奥林匹斯山众神时都把体育竞技作为一种节日活动。直到公元前 776 年，古希腊人在一个名叫奥林匹亚的地方举行了人类历史上最早的运动会，人们把这次运动会称为奥林匹亚运动会，即第一届古代奥林匹克运动会。至此，古代奥林匹克运动会正式拉开了历史的帷幕。

奥林匹亚是希腊南部平原的一个小城市，在伯罗奔尼撒的西北。之所以选这里作为运动场地，一方面是因为这里风景优美，气候宜人；另一方面是因为这里建有奥林匹亚宙斯神庙，是古希腊宗教祭祀和体育竞技的活动中心。虔诚的古希腊人把这块土地叫作阿尔菲斯神城，也有人把这里叫"圣地"奥林匹亚。

每次举行运动会时，无数的古希腊人都会从四面八方赶到这里来。在这里，他们可以尽情呐喊，他们可以尽情歌舞，以表达他们对众神的崇敬以及对和平的祈祷。

后来，人们为了纪念奥林匹亚运动会，于 1896 年在希腊的首都雅典举行了第一届现代奥林匹克运动会，以后每 4 年举行一次。从此开始，奥利匹亚成了奥林匹克运动的象征之一，现代各届奥林匹克运动会的圣火都会到奥林匹亚点燃。

尽管现在的奥林匹亚竞技场只剩下遗址，但是它还保持着原有的风貌。如果我们有机会来到这里就能看到，在竞技场的西侧还有运动员和裁判员的入场口，有石砌的长廊，还有依山而建的观众看台和贵宾席。这里最多可以容纳大约 4 万名观众。

如今，再次漫步奥林匹亚竞技场，我们仍可以想象出它当初的辉煌与灿烂！

《神圣休战条约》——关于友好的约定

人们为什么在奥林匹亚这里举行运动会呢？

一方面，古希腊人本身崇尚武力，这里的人从小就特别爱好运动竞技。这里还有一个有意思的传说，相传古希腊第二代众神之王克洛诺斯想把王位传给儿子宙斯，为了考验儿子的本事，父子二人进行了长时间的比武，最后宙斯战胜了父亲，取得了王位。为了庆祝胜利，宙斯举行了盛大的体育比赛庆典，于是便有了后来的奥林匹亚运动会。

另一方面，当时的古希腊有很多城邦国家，这些国家各自为政，也没有统一的君主，为了争抢地盘，开始爆发战争。为了应付战争，各城邦都积极训练士兵。当时有一个叫斯巴达的城邦，这里的孩子童年基本上是在军营里度过的。也就是说，这里的孩子从 7 岁开始便不再属于他们的父母，而是属于国家了，开始由国家抚养，并从事竞技、军事训练，过着军事生活。战争需要士兵，士兵需要强壮的身体，而竞技是培养能征善战的士兵的有力手段。从某种角度来说，战争也促进了希腊体育运动的开展。

但是由于各地战火连绵，瘟疫成灾，农民也没有收成，希腊人民开始讨厌连续不断的战事，普遍渴望能有一个赖以休养生息的和平环境。这件事让当时的伊利斯城邦国王很头疼，后来他就找来了斯巴达国王商量怎么办。经过一段时间的研究，最后两国国王联合其他几个城邦的国王，制定了一个在奥林匹亚举行运动会的协议，也就是《神圣休战条约》。"神圣休战"的期限最开始是一个月，后来改为三个月。

《神圣休战条约》具有至高无上的权力，它规定：在举行奥林匹亚运动会期间，即使正在交战的双方，也得放下武器，准备去奥林匹亚参加运动会。各个城邦接到通知后，都开始着手准备参加这次盛会了。

《神圣休战条约》熄灭了当时各个城邦连年的战火，起到了重要的保障作用，并奠定了把奥运会作为团结、和平、友谊象征的基础。同时，有《神圣休战条约》作为保障，古代奥运会也得以顺利进行，并没有因为战争而出现中断，这对维护、促进各城邦之间的团结和友谊起到了重要的作用。

现代奥运会的兴起

古希腊奥运会和整个古代希腊文化一样，刚开始是随着奴隶制的繁荣而兴盛的，到了后来又随着奴隶制的崩溃而衰落。

公元前 338 年—公元前 146 年，古希腊的西北有一个马其顿王国，一直企图吞并整个希腊。后来，马其顿王国发现古希腊经济开始衰败，于是就趁机吞并了希腊。随着希腊的衰败，古代奥运会也开始走向衰落。虽然仍是每 4 年举行一次，但规模越来越小，人们对它的关心程度和参与热情也不如从前了。

公元前 146 年—公元 394 年，古代奥运会由衰落走向毁灭。后来马其顿王国被罗马征服，罗马帝国开始统治整个希腊，此时的古代奥运会已经更趋衰落了。起初虽然仍举行运动会，但奥林匹亚已不再是唯一的竞赛地了。各个城邦为了在奥运会上争取好名次，都花大价钱去购买运动员，有的城邦甚至赋予冠军特权，保证其一生衣食无忧。

这时职业运动员已开始大量出现，奥运会成了职业选手之间的比赛。所有的这一切，使得古代奥运会面目全非，希腊人对这项赛事也失去了兴趣。

古代奥运会的悲惨命运并没有因此而结束。公元394年，以基督教为国教的罗马皇帝狄奥多西一世下令禁止再举行奥运会。这使得原本有名无实的古代奥运会在举行了293届之后便沉寂下来。

尽管古代奥运会沉寂了很长一段时间，但是古代奥运会的精神却一直流传着。直到14—18世纪，欧洲爆发了三大思想文化运动，即文艺复兴、宗教改革、启蒙运动。运动的主旨是，人们应该"把健全的精神，寓于健康的体魄"，这个口号恰恰符合古代奥林匹克运动的基本精神。于是当时一些著名的体育人士提出应将古代奥运会的精神贯穿于人们的社会生活意识中。这样，现代奥林匹克运动的复兴就有了新的思想需求。

在这期间，一些体育组织试图复兴古代奥运会，但是由于组织不善，古代奥运会没有得到继续发展。直到1883年，法国有一个名叫皮埃尔·德·顾拜旦的教育家，他提出了举办类似古代奥运会的比赛，并把它扩大到世界范围。

在他的努力之下，国际奥林匹克委员会于 1894 年 6 月 23 日正式成立了。希腊人维凯拉斯出任主席，顾拜旦出任秘书长，他还亲自设计了奥运会的会徽、会旗。1896 年 4 月 6—15 日，第一届现代奥运会在希腊的雅典成功举行。

虽然第一届现代奥运会组织的并不怎么正规，但它标志着现代奥林匹克运动会诞生了，对于推动世界体育发展具有极为重要的意义，同时它也掀开了人类文明史的又一新篇章。

陈一冰点评

　　奥林匹克运动会作为一个全球性的巨型盛会，它不仅是一次定期的朝圣，也是一次和平的相聚。用竞争代替战争，用文明赢得荣誉，用友谊换取和平，我觉得这代表了人类的进步。

　　其中，《神圣休战条约》正体现了人类对和平的渴望、对友谊的渴望。可以说，古代奥运会是和平的盛会、友谊的盛会，这一盛会对现代奥运会产生了极为深远的影响。

　　从某种角度来看，体育的盛衰反映了一个时代和社会的发展。现如今，在衰落了的古希腊文明中，那早已被人淡忘了的古代奥运精神，在沉睡千年之后又重新复活了。随着奥运历史的一步步发展，现代奥运会在保持和继承古代奥运会的优良传统思想的基础上，已经发展成为具有现代思想内涵和内容体系的国际体育盛会。可以说，现代奥林匹克运动的复兴，是一个广阔的时代背景长期孕育的结果。

　　作为一种文化现象，奥林匹克运动会以竞技的形式，将不同肤色、不同文化背景的民族紧密联系在一起，将不同种族的人们也紧紧团结在一起。这一点在2008年奥运会上我深有体会。当时在奥运村里，NBA球星是最受篮球球迷欢迎的。几乎所有的篮球球迷都去找NBA当家球星科比合影并索要签名，科比也很乐意与中国球迷互动。我当时感觉NBA这些球星为中美之间架起了一座友谊的桥梁。

橄榄冠是最神圣的奥运奖品

从第一届古代奥运会到第六届古代奥运会，人们对于物质的奖品没有过多的追求，有时获胜者只会得到一只山羊或其他物品。到了第七届古代奥运会，人们更注重精神上的奖励，其中用橄榄枝编成的花冠成了人们追求的最神圣奖励。

古希腊人认为，橄榄冠是最神圣的奖品，谁能得到它就意味着获得了最高的荣誉。据传说，这些橄榄枝是由一个双亲健在的 12 岁少年，用纯金刀子从神树上割下来，然后人们把它们精心地编制成橄榄冠。可见橄榄冠有多么神圣。

顾拜旦是谁？

顾拜旦的原名叫皮埃尔·德·顾拜旦，是法国的一名教育家，是现代奥林匹克运动会的发起人，被誉为"现代奥林匹克之父"。

顾拜旦出身于一个法国的贵族家庭，从小就爱学习，尤其是喜欢古希腊历史，对体育运动也很有兴趣，擅长曲棍球和足球运动。顾拜旦对于古代奥运会也有特殊的感情，长大后他开始酝酿复兴奥运会的设想。

从 1892 年起，顾拜旦就开始游走全世界，倡议恢复"奥林匹克运动会"。他这样倡议："我们要恢复的应该是这样的运动会——它要像古代奥运会那样，以团结、和平与友谊为宗旨……"在他的倡议之下，先后成立了奥林匹克委员会，并在雅典召开了第一届现代奥林匹克运动会。

1924 年，年迈的顾拜旦主动辞去了国际奥委会主席的职务。从任职伊始到圆满卸任，历经了 28 年之久，顾拜旦把自己的青春和热血全部洒在了奥林匹克运动上，最后他被聘为终生名誉主席。1937 年，顾拜旦去世后，人们按着他的遗愿把他葬在国际奥委会总部瑞士洛桑，而把他的心脏埋在了奥林匹克运动的发源地奥林匹亚。

★奥运圣火★

传递着光明、团结、友谊、和平与正义

盗来的圣火

古希腊孕育了瑰丽的神话故事和传说，这为奥林匹克运动会蒙上了一层神秘的色彩。奥运圣火最早就是起源于古希腊的神话故事。

相传，众神之王宙斯召开了一次大型的会议，主要讨论是否确定人类的权利和义务。宙斯手下有一位善良勇敢而又非常聪明的神，名字叫普罗米修斯，他是人类的维护者，也出席了这次会议。普罗米修斯为了使众神不要因为答应保护人类而提出太苛刻的献祭条件，他决定用他的智慧来蒙骗宙斯。

但是万能的宙斯岂是那么好骗的，他很快就揭开了普罗米修斯的骗局。为了报复普罗米修斯，宙斯故意不给人类降火，要让人类永远生活在黑暗之中。

为了给人类带来光明，普罗米修斯毅然决定去盗火。当他从天上飞过时，他就用茴香枝从宙斯那里盗得了火种。从此，人间开始有了火种，这给人类带来了温暖和光明。

宙斯知道了这件事后非常生气，他命令火神赫菲斯托斯把普罗米修斯吊在高加索山的悬崖峭壁上。任凭风吹雨打，烈日暴晒。不仅如此，宙斯还派一只饥饿的恶鹰每天都来啄食普罗米修斯的肝脏，而他的肝脏又总是重新长出来。他的痛苦要持续三万年，可谓是受尽折磨，但是坚强的普罗米修斯却从没有屈服过。

后来，人们为了世代纪念这位盗火的英雄，就制成火炬来传递火种，并将其视为光明和勇敢的象征。

圣火的召唤

真正点燃圣火的时间是在签订《神圣休战条约》之后，

因为签订了《神圣休战条约》，就意味着开始举办古代奥运会了。

古代奥运会在开幕前需要在奥林匹亚的赫拉神庙前举行隆重的点火仪式，首先由首席女祭司在神庙前朗诵致太阳神的颂词，然后通过将太阳光集中在凹面镜的中央，产生高温引燃圣火，这是采集奥林匹克圣火的唯一方式。这时再由女祭司用火炬从圣坛上点燃奥林匹克之火，所有参赛者一同向火炬跑去，最先到达的三名参赛者再高举火炬跑遍希腊。他们高擎火炬，一边跑，一边喊：停止一切战斗，参加运动会去！

这个小小的火炬就像一道严格的命令，有着至高无上的权力。火炬传递到哪里，哪里就要停止战争。即使敌对双方正在战场上准备交战，看到火炬的时候也要放下手中的武器，因为"神圣休战"马上开始了。如果不遵守《神圣休战条约》，就会受到严厉的处罚。此时的希腊又恢复了以往和平的生活，人们开始积极为奥运会做准备了。

尽管古希腊人知道用圣火去召唤和平与友谊，但是真正意义上的火炬传递直到现代奥运会才开始。

传递圣火，传递友谊

最初的几届现代奥运会上并没有圣火传递这项活动。到了1912年6月27日，在斯德哥尔摩举行的第五届奥运会上，现代奥林匹克运动的创始人顾拜旦在一次演讲中指出："从现在起，火炬手接受了火炬，也接受了传递奥运火焰的神圣使命。让奥运圣火在青年一代的手中相互传递，让全世界的青年都时刻准备着，将奥运圣火传遍全球。"

最初这个号召并没有得到多少人的响应，人们没有继续去发扬这个传统。直到1920年在安特卫普举行的第七届奥运会上，主办方才在主会场点燃了象征和平的火炬，但并没有进行火炬传递的活动，火种也不是从奥林匹亚采集的。

直到1934年，国际奥委会正式在雅典做出规定——奥运会开始圣火传递活动。这期间，主会场要自始至终燃烧圣火，火种的采集必须来自奥林匹亚，然后通过火炬接力的方式传送到主办城市。就这样，从1936年德国柏林奥运会开始，每届奥运会开幕前的仪式在奥林匹克运动的发源地奥林匹亚的希腊女神赫拉神庙旁举行，这时国际奥委会、奥运会主办地和当地的官员都要出席。

在当天，12名身穿古装的希腊少女用聚光镜采得火种，把圣火盆点燃，用这里的火引着第一支火炬，随后正式开始了每人手持火炬跑1公里的火炬接力。然后把火炬传到雅典，再由雅典传到主办城市开幕式现场。火炬接力的传递过程是非常隆重的，当地的政界官员、著名运动员都要亲自参加，这也是一种无上的荣誉。

火炬每传递到一个国家，这里的人们就要举行隆重而盛大的迎接火炬仪式，这对奥林匹克精神的宣传和传递起到了很大的促进作用，能够有幸参加这个活动的人都觉得这是一生中最大的荣誉和最神圣的使命。至此，奥林匹克火焰的神圣力量得到了世界的认同，也成为奥运会开幕的前奏。

·陈一冰点评·

　　奥林匹克圣火本身象征着光明、正义、和平、友谊与团结，同样也象征着青春的活力。因此，奥运圣火的传递具有非常重要的意义。到现在，一些重大国际性运动会，甚至全国性的运动会，很多国家也会纷纷效仿奥运会的做法，先点燃火炬，再举行运动会。但从奥林匹亚取得火种，是只有奥林匹克运动会才有的"专利权"。

　　2008 年奥运会上，我由于一些客观原因没有参加火炬接力，当时身边很多队友都参加了火炬接力，这成了我一生中最大的遗憾。因为当时奥运结束后，火炬都归火炬手所有，具有非常重要的收藏和纪念意义，是每个奥运选手梦寐以求的事。

　　尽管我没能成为北京奥运会的火炬手，但我却有幸成为2010 年广州亚运会开幕式上的一名主火炬手。能成为主火炬手不仅是国家对我的信任，也是对我努力的一种肯定。这一刻我很兴奋，火炬传递过程让我难忘。我也要用实际行动把圣火的和平、友谊等体育精神永远传递下去。

采不到火种怎么办？

因为奥运圣火的采集是使用凹面镜聚集太阳光实现的，因此圣火采集当天需要有充足的阳光才能保证采集的成功。这期间如果阳光不充足，采不到火种怎么办呢？这就需要提前进行几次试采，然后把试采的火种留作备用火种，即使仪式举行当天没能成功采集，也可取用备用火种，因此圣火无论如何都会被点燃。

在奥运圣火采集的历史上仅有两次火种采集不成功的案例，而且全被澳大利亚人赶上了。一次是1956 年的墨尔本奥运会，另一次是2000 年的悉尼奥运会。两次都是因为天气不好，只好用前一天彩排仪式中取到的火种代替。

火炬熄灭了怎么办？

根据国际奥委会的要求，火炬接力过程中一定要保持圣火持续的燃烧，圣火火种在从奥林匹亚到奥运会主办城市的传递过程中不能熄灭，一旦火炬熄灭了，这时可由专门的护跑手用火种灯内的圣火火种重新点燃，以确保奥运会开幕式上主火炬是由来自奥林匹亚的圣火点燃的。

在火炬传递途中，如果遇到了高山峻岭或江河大海，这时就需要用飞机或轮船运送，火种必须在奥运会开幕前一天传到奥运主办城市。在奥运会开幕式上由东道主的著名运动员接收最后一棒，进入主体育场后慢跑一圈，然后点燃塔上的火焰。火焰昼夜熊熊燃烧，象征着勇敢、光明、团结和友谊，直到奥运会结束时才熄灭。

五环相扣，友谊相连

奥运五环的来历

　　奥运五环是由蓝色、黑色、红色、黄色、绿色五个奥林匹克环相互套接而成的。它是世界范围内最广为人知的奥林匹克运动会标志，可以说，只要人们一看到这五个圆环，就会马上联想到奥运会。

　　这五个圆环从左到右互相套接，上面是蓝环、黑环、红环，下面则是黄环和绿环。整个造型是一个顶部大、底部小的规则梯形。

　　奥运五环是谁设计的呢？它是由现代奥运会创始人顾拜

旦先生设计的。自从有了现代奥运会，顾拜旦就认为奥林匹克运动应该有一个属于自己的标志。后来经过他的反复构思，1913 年他设计出了一个五环标志和一个以白色为底印有五环的奥林匹克旗。

1914 年，在庆祝国际奥委会成立 20 周年的纪念大会上，顾拜旦拿出了自己设计的五环标志和一面印着五环的旗帜向人们展示，并建议将它们作为奥林匹克运动的标志。

当时顾拜旦解释了他的设计思路："五环——蓝、黄、绿、红和黑环，象征世界上承认奥林匹克运动，并准备参加奥林匹克竞赛的五大洲，第六种颜色白色——旗帜的底色，意指所有国家都毫无例外地能在自己的旗帜下参加比赛。"最后，经过与会人员的研究决定，将奥林匹克五环和奥林匹克旗作为奥林匹克的标志。

当时有一种比较流行的说法，即每一个圆环的颜色代表一个大洲。黄色代表了亚洲，黑色代表了非洲，蓝色代表了欧洲，红色代表了美洲，绿色代表了大洋洲。但是后来奥林匹克官方网站提示，"每个环代表相应的一个大洲"的说法是不正确的。国际奥委会明确指出："必须要指出的是，认为每种颜色有一个明确含义的说法是错误的！事实上，当 1913 年顾拜旦创造五环的时候，带有白底的五种颜色代表了当时世界上所有国家国旗的颜色，无一例外。"

因此，奥运五环真正的象征意义只有一个。这就是《奥林匹克宪章》中指出的，奥运五环象征着五大洲的团结以及全世界的运动员以公正、公平、坦率的比赛和友好的精神在奥林匹克运动会上相见。

神圣的五环旗

顾拜旦设计了奥运五环标志的同时，也设计出了五环旗。五环旗成了奥运会会旗，旗的长度是 3 米，宽度是 2 米，以白色为背景，象征纯洁；上有蓝、黄、黑、绿、红奥运五环标志，环环相扣。

1914 年，为了庆祝现代奥林匹克运动恢复 20 周年，五环旗首次在巴黎举行的奥林匹克大会上升起。这面五环旗意义深远。

1920 年，比利时的安特卫普夏季奥运会体育场上第一次飘起了奥林匹克会旗。也就是从这届奥运会后，比利时奥委会向国际奥委会赠送了一面一模一样的会旗。国际奥委会规定以后每届奥运会都要进行悬挂，一直延续至今。1952 年，挪威的奥斯陆市向国际奥委会赠送了冬季奥运会会旗，它的交接方式、保存和使用方法和夏季奥运会一样。

根据《奥林匹克宪章》规定，历届奥运会开幕式上都有奥运会会旗交接仪式。先由上届主办方代表将会旗交给国际奥委会主席，然后奥委会主席再将这面旗帜交给本届主办方的代表。真正的会旗其实保存在市政府大楼里，4 年后再移交给下届主办城市保管。我们平时看到的奥运会主会场上空飘扬的旗帜，其实是一面代用品。

陈一冰点评·

如果我们要找当今世界上流传最广的标志，那非奥林匹克五环莫数了。随着奥林匹克运动的不断发展，奥运五环已经成了奥林匹克精神与文化的形象代表，五环旗在哪里飘扬，奥林匹克精神就会在哪里传递。

这五个不同颜色的圆环不仅让五大洲和全世界的运动员在奥运会上相聚一堂，也让五大洲各国人民的友谊变得更牢固、更长久。这正是奥运会基本精神——和平、团结与友谊的体现。

在 2008 年北京奥运会上，奥运五环胸章深受人们欢迎。很多人愿意拿出自己的胸章与别人交换，作为收藏品。当时我国奥委会制作的是国旗下方配五环的胸章，同时各个协会也会制作各种各样的胸章，中国体操协会制作的是每个体操项目下面配个五环的胸章，然后分发给比赛选手。这些选手会在比赛之余与其他国家选手进行胸章交换。我觉得这种胸章交换不是一种单纯的交换，而是一种友谊的交流。

当时非洲一些国家是以本国独有的动物形象制作胸章的，胸章上面刻有本国独有的动物形象，再配以本国国旗，下方配有五环，制作得非常漂亮、精美，成了其他国家选手争相交换的对象，而这种交换进一步加深了彼此的友谊。

"迪姆之石"

关于奥运五环还有一个有趣的故事：1936年柏林奥运会首次举行火炬传递活动，当时的奥委会主席卡尔·迪姆想还原古代奥运会的情景来布置沿途经过的古希腊遗址。当火炬到达一个古运动场时，迪姆在一块大石头上刻了一个五环的标志。因为当时知道这件事的人很少，后人就把这里当成了古代奥运会的遗迹。这个错误一直到了20世纪60年代才被人们发现，后来人们把这块石头称为"迪姆之石"。直到1972年5月，这个假文物才被送到德尔菲的古罗马广场入口处。

奥运五环标志能随便使用吗？

根据《奥林匹克宪章》的规定，奥运五环标志是奥林匹克运动的象征，是国际奥委会的专用标志，未经国际奥委会许可，任何团体或个人不得将其用于广告或其他商业性活动用途。

★伦敦奥运★

五大洲的第一次相聚

无心插柳的奥运会

尽管刚开始申请第四届奥运会举办权的有罗马、米兰、柏林和伦敦四个城市，但是伦敦并没有觉得自己有多大的机会。当时柏林由于得不到政府的支持，只好放弃了这次申请。原本国际奥委会想在罗马举办这届奥运会，想以古罗马的辉煌文化感染和影响奥林匹克运动的发展，最后投票的结果也是在罗马举办。可是罗马当时地震和火山爆发频繁，意大利的经济不景气，已经无力承办这次奥运会了，这让国际奥委会的委员们很是头疼。

怎么办呢？眼看着奥运会临近了，可是申办国家还没有找到，这岂不是要闹出笑话。正在这时，英国一位名叫格伦菲尔的击剑明星代表英国的体育界向国际奥委会表示，伦敦可以担起这个重任，这让当时的奥委会主席顾拜旦大喜。虽然英国没有罗马那样悠久的奥运历史文化，但当时也是体育强国，完全有能力完成这个重任。最后国际奥委会临时决定与英国政府合作，将奥运会易地在伦敦举办。

1906 年，格伦菲尔继任了英国勋爵，并出任伦敦奥运会组委会的主席，积极筹备奥运会工作。但想在短短的两年时间里完成一切基本建设工作和组织工作，必须付出超人的努力。格伦菲尔和英国政府表现出了惊人的工作效率。他们克服了种种困难，在当时条件艰苦的情况下，硬是建起了一个可以容纳 7 万余观众的现代运动场，即当时的白城运动场。

就这样，伦敦奥运会的筹备工作顺利展开了……

五大洲的真正聚会

英国举办的第一次现代奥运会于 1908 年 7 月 13 日正

式开幕，但实际比赛在同年的 4 月 27 日就已经开始举行了。这次运动会直到 10 月 31 日才宣告结束，总共开了 6 个多月的时间，可以说是历届奥运会时间最长的一次。

这届奥运会一共有 22 个国家报名参加，光运动员就有 2034 人，其中女运动员有 36 人。总人数比前三届加起来还多，初显了奥运会的魅力。其中，芬兰、土耳其、新西兰（当时作为大洋洲的一部分）都是第一次参加奥运会。在这届运动会上，五大洲都有代表队参赛，可以说是一次五大洲的真正聚会。

伦敦奥运会最大的胜利者自然是占据了天时、地利、人和的英国，他们本届运动会上一共获得了 145 枚奖牌，其中金牌 56 枚，银牌 50 枚，铜牌 39 枚。而第二名的美国只获得了 47 枚奖牌，第三名的瑞典获得了 25 枚奖牌。

因为当时英国取得的奖牌总数最多，所以为了炫耀一下成绩，便公布了各国获得奖牌的统计数字。从那以后，其他国家也开始公布奖牌榜。也就是从这届奥运会起，奥运会的奖牌开始走向规范化道路。1907 年 5 月，国际奥委会公布了奥运会奖牌的标准样式。统一直径为 60 毫米，正面是国际奥委会制定的统一图案，背面则由主办国自己设计。

在这届伦敦奥运会上，奥委会建立了很多的制度，并一直沿用到今天。此届奥运会不仅编印了所有竞赛规程、规则，以及一些安排的细节、宣传海报等，还对参赛选手的资格提出了严格的规定。

总的来说，这届奥运会的举办是很成功的，也引起了全世界的关注，使奥林匹克理想得到了更广泛的传播。同时，这届奥运会也是一次五大洲真正意义的聚会，让五大洲人民的友谊得到了进一步的升华。

·陈一冰点评·

我们知道，奥运会是世界大家庭热爱的体育盛典，也是人类追求共同理想的精神聚会。第四届伦敦奥运会作为五大洲的第一次真正聚会，也是一次伟大友谊的聚会。在这次聚会中，无论是举办者，还是运动员都表现出了对奥运会的极大热情，同时也让世人感受到了奥运大家庭的温暖。

在奥运会这样一个世界大家庭里，什么是最重要的？我深刻地感受到了，和谐才是最重要的，友谊才是最重要的。比赛的胜负只在一个瞬间，而友谊关爱、团结互助、彼此需要，才能创造出永恒的奇迹。

如果说友谊是一棵常青树，那么它需要来自五大洲人民的共同浇灌，而奥运会作为一个媒介，让五大洲人民团聚在一起，共唱和平与友爱之歌。

苏格兰经济学家亚当·斯密说过："把友谊限于两人范围之内的人，似乎把明智的友谊的安全感与爱的妒忌和蠢举相混淆。"因此，要让友谊之树常青，就需要更多的人参与进来，需要五大洲人民共同努力。

马拉松比赛确切距离的由来

马拉松比赛从第一届奥运会就开始有了，但往届马拉松比赛的距离都不一样。在本届奥运会，英国的王室成员想要观看马拉松比赛。于是大会的组织者特地将出发点安排在温莎宫的草坪前，终点则设在了奥运会的主场地——白城运动场。两者的距离有 26 英里，进入运动场后到达王室成员所在地是 385 码，全程总长 26 英里 385 码，即 42.195 千米，这也就是今天马拉松比赛的实际距离。

60 岁的奥运冠军

参加这届奥运会的还有一位 60 岁的瑞典射击运动员，他的名字叫奥斯卡·斯旺。别看这位选手的年龄有些大，但是他的射击技术可不一般。他先是在 100 米射击比赛中获得了一个个人冠军，后来又在团体比赛中获得个人的第二枚射击金牌。后来，奥斯卡·斯旺在他 72 岁那年还参加了奥运会的三项比赛，且取得了一枚银牌。他可以说是现代奥运史上年龄最大的运动员了。

◆北京奥运◆

同一个世界，同一个梦想

2001 年 7 月 13 日——一个值得铭记的日子

对于我们中国人来说，奥运一直是我们的梦想和光荣实现的地方，而申办奥运也一直是我们中国人民长期以来的意愿。可是在近百年的中国历史上，中国人的奥林匹克之路的确走得太过艰辛、太过曲折了。

我国的首都北京既是一座历史名城，同时又是一座开放的国际大都市。这里有设施完善的体育场馆，有良好的交通和信息网络，有世界一流的酒店。同时我们的国家又是一个有着 13 亿人口的泱泱大国，虽然早就与国际奥委会建立了联系，但在 2008 年之前还从没有举办过奥运会，这一直是一件非常令人遗憾的事情。

奥林匹克运动是中国人民的不解情结，1991 年中国政府第一次提出了申办 2000 年奥运会的请求。很遗憾的是，这次申奥北京仅以 2 票之差落选。虽然这次申奥没能成功，但我国人民的诚意却深深地打动了国际体坛。同时，我国政府也没有放弃对奥运会的申请，于是在 1998 年 11 月 25 日，北京市人民政府再次向中国奥委会递交举办 2008 年奥运会的申请书。当时的国际奥委会主席萨马兰奇先生在国际奥委会代表该组织正式接受北京的申请。

2000 年 8 月 28 日 19 时 39 分，我国的北京和土耳其的伊斯坦布尔、日本的大阪、法国的巴黎以及加拿大的多伦多 5 个城市，成为 2008 年第 29 届奥运会的候选城市。

经过一系列的努力后，在 2001 年 5 月 15 日，国际奥委会在官网上公布了国际奥委会评估团对 5 个申办城市的评估报告，我国的北京是 3 个领先城市之一。

历经千辛万苦，我们终于等到了这一天——北京时间 2001 年 7 月 13 日，这是一个令中华儿女永远铭记的日子。当天晚上 11：30，当国际奥委会主席萨马兰奇宣布 2008

年夏季奥运会的主办权属于北京时，我们的国家一下子就沸腾了，举国欢庆这历史性的胜利。这天晚上是一个 13 亿中国人的不眠之夜。为了这一时刻，我们国人等待了整整一个世纪，最终的胜利属于北京！

"新北京·新奥运"

2008 年北京申奥的口号是"新北京·新奥运"，英文是"New Beijing，Great Olympics"。这一口号承载了我们中华民族近一个世纪的梦想。

那么，"新北京·新奥运"究竟"新"在哪儿呢？

（1）新北京变得更加美丽了。

北京既是一个具有悠久历史文化的古城，也是一个国际化的现代大都市。为了能成功举办 2008 年的奥运会，北京新建和整修了一批符合奥运会标准的体育场馆，这让我们有更多的机会参加各式各样的体育运动，让我们的身体变得越来越强壮；同时，从有利于北京长远发展的角度来看，我们的政府对一些大型基础设施进行了全面的建设和改造，这大大加快了城市国际化的步伐。

（2）新北京变得更文明了。

我们国家本是礼仪之邦，而北京是礼仪之都。对于我国人民来说，举办奥运会让我们的社会变得更文明，让我们的人民变得更文明。

（3）新北京变得更加富裕了。

奥运会发展了我们国家的经济，经济发达了，人民生活水平自然就提高了。当我们的居住条件、居住环境、健身及医疗保健条件得到改善后，居民体质尤其是青少年体质将得到明显的改善。此外，我们的国家富强了，军队也会变得强大，那些侵略者再也不敢欺负我们了。

（4）新北京增进了各国人民的友谊。

北京奥运会的成功举办，大大增加了中国与各国人民之间的友谊。全世界的孩子都来到北京，我们与这些孩子成了好朋友，这种友谊永远地流传下去。

"同一个世界·同一个梦想"

2005年6月26日，在北京工人体育馆举行的新闻发布会上，北京奥组委宣布"同一个世界·同一个梦想"（One

World, One Dream），成为北京2008年奥运会中英文主题口号。这个口号也承载了我们每一个中国人的奥运梦想——团结、友谊、进步、和谐、参与和梦想。

当时在口号征集期，一共收到了应征口号大约21万条。应征信件来自我国的四面八方，包括中国香港、澳门特别行政区和台湾地区，还包括美国、英国、法国、日本、韩国、古巴、挪威、巴西等国家的海外华人华侨和国际友人，甚至一些华侨小朋友也参加了应征。

可以说，"同一个世界·同一个梦想"这一主题口号凝聚了无数国人和海外华人的智慧，这个口号也代表了全世界人民的共同理想。尽管人类的种族不同、肤色不同、语言不同，但我们都在为同一个理想而努力——因为我们同属一个世界，因为我们拥有同样的希望和梦想，因为我们拥有世间最伟大的友谊。

陈一冰点评

2008 年北京奥运会承载了无数中国人的梦想，也让全世界更加客观地认识了我们中国，我个人认为这是迄今为止最成功的一次奥运会。正如我国著名电视节目主持人杨澜所说："北京奥运会不仅是运动员和热爱体育的人们的盛会，也是让全世界更全面更客观地了解丰富多彩的北京和中国的机会。"

中国是世界人口最多的国家，中国成功地举办奥运会，可以将奥林匹克理想普及到占世界人口 1/5 的区域，这样可以极大地促进奥林匹克运动的推广，也极大地推动全人类友谊的进一步发展。

在这届奥运会上，我取得了男子体操的团体冠军和吊环冠军。在兴奋之余，自己也深深地感受到全民参与奥运会的热情。人人都在为奥运会出力，人人都是奥运会的志愿者。我的一位经纪人就曾在奥运会期间专门驾驶志愿车负责接送肯尼亚的高官。可以看出每个人对北京奥运会的热情，而这种热情也让人与人之间的友谊得到了进一步的升华。

可以这样说，2008 年北京奥运会是一次伟大的相聚，是一次划时代的聚会。正如《同一个世界，同一个梦想》那首歌里唱的："梦想是古老的文字舞动在北京的天空，世界上所有的语言都传说着一次欢聚。"可以看出，这次伟大的相聚，让我们人类的友谊变得更长久。

跨越世界最高峰的"祥云"

2001 年 7 月 13 日，北京奥申委承诺："奥运永恒不熄的火焰将跨越世界最高峰——珠穆朗玛峰，从而达到一个前所未有的高度。"

我们承诺了，我们做到了。2008 年 5 月 8 日 9 时 17 分，象征"光明、团结、友谊、和平、正义"的奥运火炬，终于在 19 名奥运火炬接力珠峰传递登山队队员的努力下首次在世界最高峰上点燃。这 19 名队员站在珠峰峰顶，高举起"祥云"火炬。这标志着，百年奥运圣火第一次到达"地球第三极"。至此，中国人又书写了奥运史上的一个奇迹！

北京奥运会会徽和吉祥物是什么？

北京奥运会会徽是"中国印·舞动的北京"，于 2003 年 8 月 3 日 21 时 30 分，在北京天坛祈年殿前举行全球发布仪式。会徽的主体为大红底色的白色"京"字图形，约占整个会徽面积的 3/5。"京"字形状酷似汉字的"文"字，取意中国悠久的传统文化。整个"京"字图形为一个向前奔跑、迎接胜利的运动人形。"京"字图形下是黑色的英文"Beijing 2008"字样，下边是奥运五环的标志。

北京奥运会的吉祥物是由 5 个福娃组成的。每个娃娃都有一个很好听的名字，分别叫贝贝、晶晶、欢欢、迎迎和妮妮。当把 5 个娃娃的名字连在一起时，就会读出北京对世界的盛情邀请——"北京欢迎您"，这也表明了北京向全世界人民伸出了友谊之手。

一场爱的伟大朝圣

无论是古代奥运会，还是现代奥运会，

都是一场别开生面的朝圣。

这是一场超越了国界的友谊朝圣，

这更是一场爱的伟大朝圣。

在这场朝圣下，全世界人民紧紧团结在一起，

为了友谊，为了和平，共筑自己美好的家园。

★女子羽双★

性格互补的"无敌组合"

性格互补的搭档

中国羽毛球队里曾有过一对女双选手,被大家一致认为是中国队最放心的夺金专业户,她们的配合被外界认为是"天下第一双"。

这两个人,一个沉静婉约,一个热情如火,就是这样两个性格截然不同的女孩因为羽毛球走到了一起,并成为当时世界排名第一的女双"黄金搭档",她们就是葛菲和顾俊。

葛菲和顾俊都是江苏人,也是同时进入国家队的。说起葛菲，其实她从小对羽毛球并没有什么兴趣，但因为自身体质不好，酷爱体育运动的父亲就逼着她学习游泳、乒乓球和羽毛球。后来，葛菲在羽毛球运动上表现出极好的天赋，羽毛球打得也是如有神助，并在 9 岁那年顺利进入了江苏省羽毛球队。

相对于葛菲的被动，顾俊是在 7 岁那年开始接触羽毛球的。当年，在父母送生日礼物的时候，还不知道羽毛球是什么东西的顾俊主动选了一支羽毛球拍，从此她与羽毛球结下了不解之缘。顾俊在 10 岁那年进入了省队。

入队不久，当时江苏省羽毛球队的尤光礼看中了这两个人。他认为，葛菲性格内向、不善言谈，而顾俊的性格则正好相反，她性格外向，活泼好动。正是因为这种性格上的巨大差异，让她们在羽毛球双打上可以形成很好的互补。尤教练还为她们制订了"5 年后拿全国冠军"的计划。就这样在尤光礼教练的指导下，两人进步神速。

1993 年，葛菲和顾俊同时被选进了国家队，从此开始了国家队的生活。

联手打造不败神话

有人说，性格互补，可以使事业锦上添花。这句话用在葛菲、顾俊身上，再恰当不过了。葛菲很文静而顾俊活泼好动，在赛场上她们可以做到完美互补，成绩就是最好的证明。

在 1994 年亚洲锦标赛上两个人夺得女双冠军后，开始不断地问鼎冠军宝座。到 1996 年亚特兰大奥运会，她们达到了事业的巅峰期。

在亚特兰大奥运会上的前四场比赛中，葛菲和顾俊披荆斩棘，一路过关，顺利进入了决赛。决赛中，她们遇到了当时世界排名第一的韩国选手吉永雅和张惠玉组合。此前她们也交过 10 次手，葛菲和顾俊以 6 ：4 的优势暂时领先。这次双方再战，葛菲和顾俊不停向对手发起攻击，结果吉永雅和张惠玉完全被打蒙了。这场决赛仅用了半个多小时就结束了，葛菲和顾俊以两个 15 ：5 夺得了金牌。这也为我国填补了此前羽毛球奥运会金牌的空白。

这届奥运会后，她们延续了自己在这个项目上的世界统治地位。两人在此后的一些重大比赛中的不败纪录长达 3 年之久。在国际羽联女双项目中，她们多次排名第一。

从体育的角度来看，葛菲与顾俊的成功搭档是对"集体智慧"最好的诠释，她们成功的模式对于我国一些集体项目也具有积极的意义。

微妙的友谊

这样的完美组合让人艳羡的同时，也不禁让人猜想两个人私下里的友谊是不是也一定完美。可真实的情况却是，这样的"黄金搭档"在生活中却很少交流，这是非常微妙的友谊。

其实两个人小时候也是那种无话不说的好朋友。刚进江苏省队时，葛菲不怎么爱说话，是比较害羞的女孩；而顾俊则是大大咧咧，遇见谁都爱开玩笑。有时候葛菲睡着了，顾俊在她脸上用笔画圈圈；有时候葛菲洗澡，顾俊会把她的衣服偷偷藏起来……葛菲对顾俊的这些"捉弄"格外宽容，不仅不生气，还在各方面照顾顾俊。

有一次，顾俊没请假就偷着跑回了家，后来被教练知道后，严厉地罚了她。这时的葛菲一声不响地蹲在一旁陪着她。中午吃饭时，葛菲还从食堂悄悄地带饭给她……这让顾俊非常感动，两个人的感情开始升温。

顾俊平时也非常体贴葛菲。葛菲父亲去世的消息传到了羽毛球队，这个噩耗让葛菲有些接受不了。她决定不再练球了，她要回家。当时教练也劝不住她。这时的顾俊急了，说："你半途而废回去，你爸爸九泉之下也不会原谅你。"葛菲最终留了下来。顾俊天天陪着葛菲，以自己的活泼和开朗使葛菲逐渐从悲痛中走出来。

平时这两姐妹也有闹别扭的时候。有时在训练中意见不一致时，就会你急我嚷，谁也不理谁。可是用不了几天，两个人就都觉得不好意思了，有时候生活或训练中两个人总是有意无意地互相帮忙，矛盾也就烟消云散了。

随着年龄的增长，两个人在意见上有了越来越多的分歧，在场下的交流变得越来越少了，但是一到球场上两个人的配合仍旧是完美的。这让很多人一直不理解、不相信，这是一种什么样的友谊呢？

曾经还出现过这样一件有意思的事：有个周末，两个人分头外出买东西，一个去东单，一个奔西单。在这期间，两个人没有任何形式的沟通，结果两个人买了一件同样的格子衫……这样的情节一直被人们津津乐道，百思不得其解。

顾俊后来解释道："我们俩10岁在一起，12岁进专业队，可能从刚认识就一直很平淡，只有在场上才有那种激情。"平时不沟通，到场上就有感觉，这又是怎么样的一种友谊关系呢？

由于性格上的差异，这对球场上的"黄金搭档"或许注定无法在生活中继续并肩前行，这或许和她们在2000年4月的那场失利一样，也算是种缺憾之美。在2001年九运会羽毛球女双领奖台上，顾俊作为搭档对葛菲说了这样一句话："只要我们以后过得好，就是最好的。"这也是两人之间最美好的祝福了。

·陈一冰点评·

　　葛菲和顾俊这对特殊的朋友，让我们见识到了一种另类的友谊——为了一个共同的目标，她们在赛场上可以并肩战斗，但在生活中，她们可能并不是亲密无间的朋友。虽然这很不符合童话故事里的情节，但让我们真实地感受到了"战友"之间的情义不仅有亲密的成分，更有一种默契的成分。这是一种特殊的存在。

　　我记得有一位省体育局局长这样评价这种特殊的友谊："奥林匹克宗旨的核心是公平竞争，教育青年，促进和平——如果将其进一步概括就是竞合二字，既有竞争又有合作，这是一种高端的思想、一种超越世俗的素质。在竞合思想的促动下，运动员往往更重视团队价值，通过团队合作来体现个人价值，从而实现和谐共赢。体育本身是培养人、教育人的，奥运会也是如此，比赛是其表象，而其本质就是一种夺标育人文化的传播。两名运动员可能在场下无甚交情甚至势如水火，但为了共同的竞技目标聚合到一起并且相互补台，这就是体育的人文价值体现。"

　　为什么说体育精神是值得永恒倡导的？体育精神可以促进人与人之间越来越和谐，这种和谐的氛围可以让陌生的两个人之间形成一种职业化、专业化的友谊。这种友谊是广义的，正是因为有这种广义的友谊存在，奥运会才变得更好看。

　　在体操队里，我当时是队长，我本身性情比较随和、比较细心。与其他队友的粗线条相比，我的性格与他们的互补，我和队员之间也因此建立了深厚的友谊。

　　作为体操队的队长，我了解每个人的性格以及技术特点。在 2012 年的伦敦奥运会上，我和张成龙、邹凯、郭伟阳等人一同组成了男子体操队。因为预赛时是 4 个人比赛，当时我们的预赛发挥得不好，到了决赛时只能有 3 个人参加，最后我们几个人一起开了碰头会。当时邹凯自己觉得在鞍马上没有百分之百的把握，这时张成龙自告奋勇地说："我觉得我可以。"这样我就把这份名单汇报给黄玉斌教练，黄教练考虑再三后决定通过我汇报的这份名单。

　　正是因为我的这份细心以及丰富的经验，取得了黄玉斌教练的信任，我一直都担任男子体操队的队长。我与教练、队员之间也因此结下了深厚的友谊，一直保持至今。

为什么羽毛球是用鹅毛做的？

羽毛球在中国古代就有，当时被称为"鸡毛球"，但现代羽毛球运动中的羽毛球和鸡毛却没有任何关系。现代多数羽毛球的羽毛都是用鹅的羽毛，这是因为鹅的羽毛比较厚实，且纤维的丝比较丰富，绒含量比较高，很密实。用好的鹅毛做的羽毛球其飞行会很稳定，方向感强，且结实耐打。此外，也有用鸭毛和人造材料做的羽毛球，但相比上等鹅毛做的羽毛球来说质量还是有差距的。

独特的庆祝方式

1996 年亚特兰大奥运会，有一位丹麦老将名叫波尔 – 埃里克·赫耶尔·拉尔森，他当时年近 30 岁了，可是他面对一帮年轻小将毫无惧色，一路杀进决赛，最终夺得冠军。他给人留下最深的印象是，当他拿下半决赛后，突然双膝跪地，双手用力一撕，将身上那件被汗水湿透的球衣当胸撕开。这个充满激情的一撕也成了世界羽坛庆祝胜利的一个经典动作。

女子速滑

冰场上的黄金搭档

大杨扬与小杨阳

大杨扬和小杨阳是我们国家短道速滑运动中最响亮的两个名字。两个人虽然不是亲姐妹，却胜似亲姐妹，而且从背影看去两个人还有些神似，一样的身高，一样的体重，俨然是一对孪生姐妹花。

由于两个人的名字是音同字不同，在一些用拼音标注名字的比赛中，外国人很难分清。后来国际滑冰联合会建议她们两个改改名字，因为杨阳比杨扬小，所以杨阳就成了小杨阳，而杨扬就成了大杨扬。

大杨扬和小杨阳都是东北人，具有东北女孩典型的开朗性格。小杨阳更像是一个男孩，做事豪爽、干净，平时也是大大咧咧的，相比之下，大杨扬做事沉稳细腻。

大杨扬出生于黑龙江省汤源县的一个普通家庭，因为刚出生时她比较安静，不爱哭，所以妈妈特意给她起了一个小名，叫冰心，希望她像冰一样沉静。

得益于天时地利，滑冰是东北孩子们最喜欢的运动，每年冬天冰冻的河场是孩子的乐园。大杨扬从小就开始滑冰，且在滑冰运动中展现出了较高的天赋，比其他同龄孩子的滑冰技巧都要高，这让爸爸觉得孩子更应该去体校锻炼。

8岁那年，爸爸就把大杨扬送到了当时的业余体校进行训练。因为没有进行过正规的训练，所以当时大杨扬在这里并没有取得太好的成绩。后来大杨扬被省体校的一位教练看中了，并不是因为她的成绩优秀，而是这位教练看中了大杨扬的潜力和出色的冰感。从此，大杨扬就与冰结下了不解之缘。

小杨阳是吉林市人，从小也是特别喜欢滑冰。她6岁开始就已经练习花样滑冰了，到了9岁那年她又改练短道速滑。可是当时，当地的滑冰俱乐部都觉得小杨阳的成绩一般，所以没有哪家俱乐部愿意接收她。小杨阳并没有因此放弃，通过刻苦的训练，终于有很多家俱乐部向她伸来了橄榄枝。

如愿以偿的小杨阳开始更加拼命地训练，因为她知道机会是自己争取的，要把握住机会就要靠实力说话。

1995 年，大杨扬和小杨阳成了短道速滑正式组建国家队后的第一批运动员。那段时间里，大杨扬和小杨阳还住过同一间宿舍，两个人的友谊从这里开始起飞。

磨难让人变得坚强

任何人的成功都需要经过不断地努力和付出，大杨扬和小杨阳也是这样。

大杨扬从不觉得自己具有滑冰天赋，甚至还有一些"许三多式"的笨， 但是因为自己喜欢滑冰，所以她需要比常人付出更多的努力。

当年她进入哈尔滨的省体校时，在全体学员里她的各方面条件可以说是最差的一个，而且是一年的自费试训生。如果练不好或不出成绩，就会被体校退回去。"不能这样回去。"那时的大杨扬心里就暗自发誓。大杨扬是那种"一根筋"的运动员，只要是干上了一件事就肯定会全身心地投入，不干成功不回头。

因为她们班的训练时间在晚上 10 点以后，所以这些学员每天晚上都是从床上爬起来就开始训练。因为自己的腿细，缺乏爆发力，所以大杨扬比别人练的时间更长。有时候晚上练完后都是半夜了，睡一会儿她就要早起跑步。就这样，她凭着一股韧劲儿从后进变成了先进，从省队进入了国家队。

成功的道路上，有些人总是命运多舛，大杨扬就是这样一个人。正当她在国家集训队进行奥运会选拔训练时，她的父亲出车祸去世了。这个消息无异于五雷轰顶，她感觉仿佛失去了整个世界。

由于长时间不能走出父亲去世的阴影，大杨扬几次病倒，多次不能正常参加训练，体质开始下降。她有时想拼了命去滑，却力不从心。最后在选拔赛上失去了参加奥运会的机会，这样的双重打击让大杨扬的那段日子变得黑暗起来。

但是坚强的大杨扬并没有倒下去，她并没有因此而放弃。在教练的帮助下，她开始调整心态，开始调整运动量。渐渐地，她找回了当初的感觉，身体状态开始恢复。最后她终于在1995年成了中国短道速滑队中的一员。

小杨阳的命运并不比大杨扬强多少。在小杨阳18岁那年，她的父亲因肺癌离世。当时小杨阳的弟弟正读初三，因为父亲的离开，弟弟的学习成绩也受到了影响，差几分没能如愿考上重点高中。如果想上重点高中，必须自费。然而当时父亲治病花掉了家里所有的积蓄，小杨阳在体校也没有工资。

为了能减轻家里的负担，弟弟毅然作出了上中专的决定。这件事对于小杨阳来说，一直是心里最大的遗憾，因为凭弟弟的成绩将来完全能考一个好的大学。失去父亲的痛苦再加上弟弟的主动放弃重点高中，成了小杨阳心里永远的痛。

同样的家庭不幸，换作别人早已经垮了，但是大杨扬和小杨阳并没有因此而放弃心爱的滑冰事业，她们通过努力进入了国家队，并成为队友。

家庭的不幸，也让她们变得更成熟、更懂事。在家里，两个人都是主动分担着母亲的艰难，成了家庭生活的支柱；

在训练中，她们刻苦努力，敢打敢拼。在她们的努力下，成绩越来越好。

友谊成就冠军

大杨扬和小杨阳在滑冰场上联手征战多年，结下了深厚的友谊。很多人都知道大杨扬得了很多很多的世界冠军，其实很多时候都是小杨阳在甘做铺路石，没有深厚的友谊又怎么能成就今天的姐妹花呢？

大杨扬的耐力特别好，而且意志极其坚强，所以在中长距离上成绩特别突出；而小杨阳爆发力极强，速度特别快，所以在短距离上有优势。两个人常在 1500 米和 3000 米的赛场联手出场，配合默契。以前，大杨扬总是一个人对付整个韩国军团，总是被她们打乱战术。自从联手小杨阳后，当两人同时比赛时，战术配合精彩绝伦，一打一个准儿，两人之间的熟练、默契无人能及。用大杨扬自己的话说："我与小杨阳的配合最默契，我们一起上场比赛底气都很足，因为我们是非常不错的冰上组合。"

在中长距离滑冰比赛过程中，总会有一个人出来"搅局"。

当别人都不紧不慢地滑行时，这个"搅局者"会突然加速，破坏其他国家队员的比赛节奏。这个"搅局者"往往是最后的牺牲者，她的目的是自己在前边冲，让后面自己方的主力队员保存体力，然后在适当的时候赶上；而其他选手不知是计，拼命追赶时就会大大消耗自己的体力，自然成绩也不会太好。

每当大杨扬遇到这种情况时，那个挺身而出的人就是小杨阳，她会紧盯那个"搅局者"，让她的计谋不能得逞。但因为小杨阳前面拼得太猛，自己想要再拿冠军实在太难了。这也是一种为国家、为友谊的牺牲精神。

虽然这些年来，小杨阳没有大杨扬拿到的冠军多，但是甘当铺路石的小杨阳并没有因此而产生嫉妒心理，她对金牌和名誉看得非常坦然，认为为自己的好姐妹做铺路石是应该的。她非常支持大杨扬："大杨扬体力好，当然得保她，首先是中国队要拿金牌，不管谁拿都行。"而大杨扬心里也非常明白：没有小杨阳的前期工作，自己的后期冲刺是徒劳的。大杨扬这样说过："我的金牌，有小杨阳一半的功劳。"

生活中两个人更是情同姐妹。每到周末，两个人总是一起逛街，一起去吃饭。大杨扬曾开玩笑地说："我与小杨阳在一起的时间，比父母和教练待的时间都长得多。"

就是这样的两姐妹，联手用友谊换来了一次次的冠军，为我们的国家争得了无数的荣誉。

·陈一冰点评·

作为人与人之间的一种良好的关系，友谊包括理解、欣赏、信任、宽容、牺牲等诸多美德。在奥运赛场上，有时友谊就意味着一种牺牲。为了国家的利益，为了队友的利益，需要牺牲自己的利益。这种牺牲是崇高的，是伟大的。

奥林匹克运动让全世界人民团结在一起。尽管有时候需要我们做出一点牺牲，但是这种牺牲是值得的。为了世界各国人民的利益，牺牲小我是有必要的，是值得肯定的。

2002 年，在美国盐湖城冬奥会 1000 米速滑决赛上，小杨阳为了掩护大杨扬，充当了一个"搅局者"。当时的小杨阳自己狂带五圈，客观上为大杨扬夺冠扫平了障碍。在小杨阳的掩护下，大杨扬得了冠军，小杨阳只获得了第三名。

在我看来，小杨阳的这种牺牲精神是一个个体对于大目标、大团队的一种认可，而默契的友谊是这种认可的铺路石。有人问过小杨阳两个人在赛前是否有过战术安排，小杨阳说："我们在聊天中曾说，谁有能力谁上，当一方夺金困难增大时，就用自己掩护队友，让队友冲击金牌，但没有达成具体的什么战术。只不过是一种默契，这种默契来自于上场前双方一个会意的微笑。大杨扬夺取了第二枚金牌，我很高兴，因为这是中国人的金牌。"

对于小杨阳来说，没有夺得冠军是非常遗憾的，但她从没有后悔过，她甘愿为队友做出牺牲。我认为，小杨阳的这种自我牺牲精神是一种伟大的付出，这也是友谊的力量！

短道速滑的起源

短道速滑最初起源于 19 世纪 80 年代的加拿大，当时加拿大有很多室内冰球场，一些爱好滑冰的年轻人喜欢来这里进行滑冰训练。后来就出现了一些室内速度滑冰比赛。到了 19 世纪 90 年代中期，加拿大的很多城市开始普及室内速度滑冰比赛。到了 20 世纪初，这种比赛在欧美一些国家广泛开展。到 1992 年被正式列为冬季奥运会比赛项目。

我国第一位获得冬奥会金牌的人是谁？

我国第一位获得冬奥会金牌的人正是大杨扬。2002 年 2 月 16 日，大杨扬在美国盐湖城举办的第十九届冬季奥运会上夺得了短道速滑女子 500 米金牌，成为我们国家第一位冬奥会冠军，实现了我国冬奥会金牌零的突破。此外，大杨扬也是获得世界冠军最多的中国运动员，其整个冰坛生涯一共获得了59个世界冠军。

★ 男子游泳 ★

没有你的赛场很孤单

一对单纯的朋友

我国游泳名将孙杨和韩国游泳名将朴泰桓一直是中韩两国的焦点人物。在外界看来，每次两人强强对话都掺杂了太多的"口水"、烟雾和插曲……各种剑拔弩张，就好像两人势如水火，但事实上这两个人在场下是非常好的朋友。

孙杨出生在浙江杭州一个体育世家，父亲原来是一名省队的排球队员，母亲也喜欢打排球。但他的父母并不想让孙杨走上体育的道路，因为体育这条路实在太辛苦。

孙杨小时候特别调皮，精力极其旺盛。为了能让他闲下来，父母就给他报了个游泳班，想让孩子玩一玩。当时游泳班里有一个名叫朱颖的教练，发现孙杨具有练习游泳的潜质。在朱颖教练的劝说下，孙杨的父母决定让孩子试试。从那以后，小孙杨每天放学后都会来到训练池边和朱教练学习游泳。

那时候，孙杨的母亲一直担负着照顾孙杨训练的重任。孙杨每天下午放学后，母亲骑着自行车把他送到体校。训练完后，母亲骑着自行车把他带回家，时间已经是晚上 8 点多了。这时孙杨的父亲已经准备好晚饭，孙杨吃完饭又要抓紧写作业。就这样，年复一年，日复一日，孙杨的母亲一直坚持陪着孙杨训练。

如果说今天的孙杨取得这样的胜利让人欣慰，那么他的母亲占了一大半的功劳。现在每遇到一些大型比赛，只要母亲在看台上，孙杨就会变得更加自信。经过多年不懈的努力，在 2006 年，孙杨在省运动会上一战成名，这也算是对母亲最好的回报。

到了 2011 年，孙杨达到了巅峰状态，他在 1500 米自由泳比赛中以 14 分 34 秒 14 打破了澳大利亚名将哈克特保持的世界纪录，刷新了封尘 10 年之久的世界纪录。在

2012 年伦敦奥运会上，孙杨先后夺得男子 400 米自由泳金牌以及男子 1500 米自由泳金牌。此后的孙杨成了金牌榜上的常客。

和孙杨不一样的是，5 岁之前朴泰桓是非常怕水的，不要说游泳了，就是平时见到一些小水坑他也怕得厉害。后来在父亲一点点的鼓励下，朴泰桓才开始不再怕水。一次偶然的机会，他喜欢上了游泳。

那次，朴泰桓和父亲去游泳。他坐在游泳池边上看父亲游泳，觉得父亲游泳太帅了。父亲看出了朴泰桓的心思，就鼓励他下水游泳，可是朴泰桓还是不敢。这时父亲拿了一枚硬币，扔到水里，自己去水里捡。整个过程看起来很好玩，这让朴泰桓动心了。于是在父亲的指导下，他也试着去捡水里的硬币。就这样，一次一次的捡拾，让朴泰桓觉得游泳原来这么有意思。从此，他便爱上了游泳。

后来，父母把他送到了游泳训练班，开始了他的游泳生涯。小时候的游泳训练是非常苦的，他好几次因为训练繁重出现肠道紊乱，被送进了急诊室。每次有人提及此事，他都会说这段经历是"不想回忆的痛苦记忆"。

努力终有收获。他先后在 2007 年和 2011 年世界游泳锦标赛中斩获男子 400 米自由泳金牌，后来又在 2008 年北京奥运会上获得了男子 400 米自由泳金牌。

孙杨和朴泰桓两个人的成绩是对自己努力的最好回报。生活中，两个人的爱好相同；性格上，两个人都是比较内向腼腆的，而且两人都特别单纯。也正是因为有着共同的兴趣爱好，所以两个人走到了一起，成了好朋友。

有一种友情叫信任

每次有孙杨和朴泰桓两个人的比赛，他们两个人在赛后都有所"互动"，都会用摸下巴、拍脑袋、击掌、握拳等方式来庆祝彼此的胜利。这对当今世界上最好的自由泳选手不像"敌人"，更像是一对要好的朋友。孙杨曾这样说："我从来没有偶像，不管圈内还是圈外，但朴泰桓是我唯一喜欢的运动员。"

这两个人在各大比赛中总是"形影不离"。无论是 400 米自由泳、200 米自由泳还是 1500 米自由泳，又或者是预赛、半决赛还是决赛，总能看到这两个人的身影。他们每次碰面都会报以亲切微笑，礼貌性地握手，互道珍重，就连耳机的选择也是同一品牌的。

　　孙杨和朴泰桓两人的友谊在 2014 年的仁川亚运会上进一步升华。在 200 米自由泳的决赛中，日本小将萩野公介一举战胜了孙杨和朴泰桓。尽管比赛输了，但是两个人还不忘安慰一下彼此，朴泰桓用手轻拍了一下孙杨的脑袋。在接下来的 400 米自由泳比赛中，孙杨成功夺得冠军，这时朴泰桓过来用手抚摸了一下孙杨的下巴，以示祝贺。在 1500 米自由泳比赛中，孙杨再一次卫冕，朴泰桓没有得到奖牌。这时孙杨表现得极为大度，他举起了朴泰桓的手，示意全场观众给这位暂时失败的英雄掌声。

　　更让朴泰桓感动的是，在亚运会期间，孙杨还特地为朴泰桓买了生日蛋糕。这个生日蛋糕上面用韩文写着"朴泰桓　生日快乐"，落款则是用中文写的"孙杨"。在庆祝生日当天，孙杨和朴泰桓两人有打有闹，孙杨还趁机往朴泰桓的脸上抹了一层奶油。这看上去，更像是两个大孩子在一起嬉戏。

　　2015 年 3 月，朴泰桓因在兴奋剂检测中呈阳性被国际泳联禁赛 18 个月，尽管朴泰桓的团队一再声明否认服用禁药，但禁赛的结果还是没有改变。

　　此时的孙杨公开力挺舆论旋涡中的朴泰桓，他说："我非常了解他（朴泰桓）是怎样的一个人，虽然我不清楚其中发生了什么样的误解或是错误，但我相信他是清白的。现在的他一定非常难过。希望我能够跟他同时站在里约奥运会决赛的起跳台上，给大家奉献一场精彩完美的比赛。"

　　孙杨的这一表态，对于此时的朴泰桓来说，无疑是莫大的支持和鼓励。不管未来如何，两个人的友谊一定会在体育精神的引导下成为永恒。

·陈一冰点评·

　　奥林匹克运动让全世界各国人民相聚在一起，想要让这种友谊继续保持下去，就需要我们在交往中相互理解、相互信任。

　　人与人之间需要理解，而理解又是相互的。我们需要理解别人，别人也需要理解我们。当你给了别人掌声时，自己周围也会掌声四起；当你给了别人机会时，成功也正走向自己；当你给别人关照时，其实就是关照你自己。

　　理解是怎样实现的呢？它是人与人之间通过语言交流和沟通达成的，但交流和沟通一定是建立在信任的基础上的。唯有彼此信任，才容易相互理解。当人与人之间多了一份理解与信任时，我们的友谊才会更长久。

自由泳和爬泳一样吗？

很多人分不清自由泳与爬泳，认为自由游就是爬泳。其实严格意义上来说，爬泳是自由泳的一种姿势，而自由泳不是一种游泳姿势。自由泳的竞赛规则几乎没有任何的限制，大多数游泳运动员在自由泳比赛时选择使用爬泳这种泳姿，这种姿势速度均匀、阻力小、速度快，是最省力的一种游泳姿势。1844 年，伦敦举行了一场游泳比赛，当时一个来自南美的印第安游泳选手用爬泳轻松战胜了采用蛙泳姿势的英国选手。但是英国人觉得这种姿势并不绅士，所以在比赛中还是继续使用蛙泳。1896 年，第一届奥运会上自由泳被列为正式的比赛项目。

鲨鱼皮泳衣为什么被取消？

2000 年悉尼奥运会游泳比赛中，澳大利亚的游泳名将伊恩·索普身穿黑色连体鲨鱼皮泳衣，一下子就夺得了 3 枚金牌，而他身穿的鲨鱼皮泳衣也成为各个游泳选手梦寐以求的装备。

　　鲨鱼皮泳衣主要是模仿鲨鱼的皮肤制成的一种高科技泳衣。1999 年国际泳联允许运动员穿这种泳衣参加比赛。虽然鲨鱼皮泳衣可以大大提高选手的成绩，但却违背了游泳运动不借助外力的本质。后来在舆论的压力下，国际泳联宣布从 2010 年起禁止在比赛中使用高科技泳衣。当然，此前产生的世界纪录并不会作废。

一生的对手

世界上游得最快的两个人

　　如果问这个世界上游得最快的两个人是谁？很多人心中恐怕早有答案，那就是美国泳坛名将菲尔普斯和他的队友罗切特。

　　菲尔普斯出生在美国马里兰州的一个热爱运动的家庭，他的父亲曾经是一名运动员。在父亲的影响下，家里的几个孩子都比较喜欢运动。刚开始菲尔普斯喜欢的运动是棒球，而他的两个姐姐都比较喜欢游泳，是优秀的游泳运动员。在两个姐姐的影响下，菲尔普斯耳濡目染也喜欢上了游泳。

菲尔普斯的童年并不快乐。他因为长了一双大耳朵、一双长手臂，说话结巴，常成为同学们取笑的对象。当时同学们的嘲笑成了他的噩梦。相比这个情况来说，另一种情况显得更糟糕。他被诊断得了多动症——做事不能集中精神，不能安静地坐着，手总是不能闲下来。像这种情况需要终生用药，这对于小小的菲尔普斯来说是残酷的。

后来，菲尔普斯的母亲让儿子专心去练习游泳，而这也正合菲尔普斯之意，因为在游泳池里他听不到别人的嘲笑，他会感觉非常放松，可以不断地释放自己的能量去获得快乐。后来，菲尔普斯的父母离婚了，他和两个姐姐跟随母亲一起生活。为了摆脱那段晦暗的岁月，游泳池成了他最愿意去的地方。通过多年的游泳练习，菲尔普斯不仅治好了自己的多动症，还从中找到了自信。

走上游泳之路后不久，教练鲍曼发现了小菲尔普斯具备游泳的天赋，开始重点对他进行培养。此后菲尔普斯的游泳天赋开始展现在世人的面前。

与菲尔普斯相似的是，罗切特的家庭成员也都喜欢运动，而且他们家还是一个游泳世家。他的父母都是游泳教练，他的姐姐也做过游泳运动员。

小时候的罗切特非常调皮，那时候他总是随父亲一起去上游泳课。可是这个小家伙在水里不是拉其他孩子的腿，就是沉到水里吹泡泡。很多次他都是被父亲轰出去的。

在 14 岁那年，罗切特对游泳的态度发生了 360 度的大转变。因为他在青年奥林匹克大赛的选拔赛上被淘汰了，成了一个出局者，这让罗切特的内心受到了极大的震动。"我憎恶失败，但直到那个时候，我才了解自己。"罗切特从此开始专心练习游泳。

后来，菲尔普斯和罗切特在国家队相遇，这两个人既相互竞争过也一同联手创造过奇迹。

伟大的对手

也许更多的人对菲尔普斯更熟悉，因为他 2016 年之前就已经获得过 18 枚奥运游泳金牌，是奥运史上获得金牌最多的运动员。当时的菲尔普斯惊艳了全世界。

在很多人看来，菲尔普斯拿金牌就如砍瓜切菜般容易，事实上并不是这样的。因为在他的身后还紧紧跟着一个和他实力相当的对手，那就是罗切特。在北京奥运会的 400

米个人混合泳决赛中，前 200 米领先的是罗切特，而不是菲尔普斯。这两个人既是对手，也是队友。

对于这两个人的关系，菲尔普斯这样说过："有些人总能激发你的最佳状态，罗切特就是那个能激发我的人。我和罗切特在多个项目上保持竞争关系。"而罗切特也认为这是一种良性竞争："不管对手中有没有菲尔普斯，我都会全力以赴。这很有趣，体育比赛中经常需要棋逢对手，而我很高兴有这样一个伟大的运动员作为对手。"

在很长的一段时间里，罗切特都是以"第二名"的身份跟在菲尔普斯身后。从 2003 年菲尔普斯第一次打破男子 200 米个人混合泳世界纪录以来，菲尔普斯一共打破了 7 次长池的世界纪录。而这 7 次破纪录的比赛中，罗切特参加了 5 次。

在这些比赛中，菲尔普斯拿了 7 个冠军，而罗切特则拿了 5 个亚军。可以看出，没有罗切特，菲尔普斯也不可能打破那么多的世界纪录。就连菲尔普斯自己也这样说，在个人混合项目上，"没有罗切特，我不可能创造那么多世界纪录"。正是因为罗切特的存在，菲尔普斯才可以游得更快。

但罗切特并不甘心总是当"老二"的命运。"这种滋味很糟糕，但同时激发了我的斗志，让我永远充满期待，让我有动力回到泳池。"罗切特这样说。但如果不想总生活在"一人之下"，罗切特就必须练得更加勤奋、更加刻苦。"我不是最有天赋的游泳选手，所以我想比别人更努力。"

在勤奋和努力下，这个"千年老二"终于翻身了。在2010年8月全美锦标赛上，罗切特在200米仰泳和200米混合泳比赛中，两次战胜菲尔普斯。在后来的泛太平洋锦标赛上，罗切特又独得6枚金牌，而菲尔普斯当时只得到了5枚金牌。

此后两个人的竞争变得更为激烈，你争我赶，互不相让。菲尔普斯不断地想去证明自己才是世界上游得最快的运动员，而罗切特则认为自己完全能战胜菲尔普斯。

我们不判断谁是这个世界上游得最快的人，但我们知道他们是这个世界上最伟大的对手。

共同的爱好

很多人觉得这两个人竞争激烈，肯定是矛盾重重，事实上他们场上是对手，场下却是非常要好的朋友。这可能就是体育精神带给我们最好的礼物吧！

在两个人的关系上，菲尔普斯说："罗切特是我非常好的朋友，我们经常一起说笑话，我们既是对手也是朋友。过去几年我们共同成长，他帮助我很多，我和他说话的时候，他会笑着听；在我比赛的时候，他也会帮我加油，我希望我们共同游得更快。"罗切特也这样认为："其实我的对手并不是只有菲尔普斯一人，还有许多有实力的选手。我没有敌人，菲尔普斯是我的对手，也是我的朋友，但不是敌人。我们的友谊不会因为在哪里比赛，或者参加什么比赛而有所改变。"

就是这样的两个对手，虽然性格方面有很大的差异，却因为有很多共同的爱好而走到了一起。罗切特和菲尔普斯都喜欢说唱音乐，每次两个人在一起聊得最多的就是说唱音乐。此外，两个人还喜欢玩扑克牌。每次大赛的间隙，罗切特和菲尔普斯都会有一个默契，拉上两个队友一起玩牌，而且他们两个人还是一对非常默契的搭档，每次都能把对手赢得一塌糊涂。

后来的菲尔普斯状态有些下滑。在伦敦奥运会的男子

400 米个人混合泳比赛中，罗切特成了冠军，而菲尔普斯却没能拿到一块奖牌。这对于菲尔普斯来说，打击是沉重的。赛后，热心的罗切特特意来到更衣室，与菲尔普斯聊天，帮助他解开心结。这样，两个人的友谊越来越深厚了。

·陈一冰点评·

　　在一次击剑比赛中出现了这样颇为暖心的一幕：两名击剑选手上台后没有把自己的剑指向对方，而是不约而同地先把剑偏向了两侧，然后两名剑手用贴脸的问候方式向对方致意。这一幕也引来了台下观众的热烈掌声。

　　在体育比赛的赛场上，很多选手既是对手，又是朋友；既有竞技，更有友谊。这正是体育运动的真正精髓，它让世界变得更加温暖，变得更加和谐。

　　在奥运会这个大舞台上，来自世界各地的体育选手们相互竞争着，对抗着。但是这种竞争，实际更是一种友谊的深层促进。选手们在相互切磋中，既学习了竞技本领，又收获了难得的友情。这也是对奥运比赛宗旨——"友谊第一，比赛第二"的最佳诠释。我们相信，奥林匹克运动留给世界各地的选手的那份情感和友谊是能够天长地久的。

勇敢的埃尔达·布莱布特雷

1920 年在比利时举办的第七届奥运会上，一位来自美国的女选手埃尔达·布莱布特雷包揽了游泳项目的 3 项冠军，并打破了当时的世界纪录。

埃尔达·布莱布特雷是一位传奇女性，也正是因为她的努力，美国公开场所禁止女性游泳的法令才得以废除。其实早在 1912 年，女子游泳就被列为奥运项目。但当时在美国水中运动是女子的禁区，纽约有这样一条法令，那就是"不准女子在公众场合裸露下肢"，政府认为这样有伤风化。

为了使美国人民早一点儿接受女子游泳活动，布莱布特雷创立了女子游泳协会，并在教练和同事的支持下，大胆地向世俗观念发起挑战。有一次，她脱去衣裤，跳进大海里畅游，结果被拘留了。后来在市民们的舆论压力下，她第二天就被释放了。后来她又四处奔走进行游泳、跳水表演，吸引了很多女性参加游泳健身运动。最后，政府不得不改写法令，允许女性穿泳衣游泳。

父亲跳进泳池为儿子庆祝

在 1952 年举办的第十五届奥运会上，男子 400 米自由泳决赛正在进行着。一位来自法国名叫琼·布伊托克斯的新秀第一个冲到了终点，并打破了当时的世界纪录。这时发生了戏剧性的一幕：坐在看台上的父亲无法抑制自己激动的心情，一下子就跳进了泳池内，紧紧抱住了儿子亲吻。可是当时比赛还没有结束，有一些选手还没有游到终点，于是有人提出了抗议认为这对父子违规影响了其他选手的比赛，应取消冠军资格。

听了这个消息，布伊托克斯父子顿时紧张起来。后来，经过奥委会裁定，认为这父子俩虽然行为有些莽撞，但是其行为并没有影响到其他运动员的行进，不能取消比赛成绩。这时父子俩才松了口气。

★ 男子皮划艇 ★

"孟不离杨，杨不离孟"

两个为皮划艇而生的人

在 2004 年雅典奥运会以前，中国在皮划艇项目上还没有得过一枚奥运金牌。但是当国家皮划艇队里来了孟关良和杨文军两个黑大个儿后，这一局面被彻底改变了。他们俩不仅在 2004 年雅典奥运会上联手夺得男子双人划艇 500 米金牌，而且在 2008 年又成功卫冕，这是二人联手创造的奇迹。但是在这个奇迹的背后却有着太多的不容易。

孟关良是浙江省绍兴人，从小就力气大，在 9 岁那年父母让他去学习游泳。孟关良进入业余体校进行训练，后来由于脚伤，游泳只能搁浅，他开始改练皮划艇。由于成绩相当出色，他很快就成了一名专业选手。到了 1995 年，他正式成为国家皮划艇队中的一员。

孟关良无论心理素质、身体状况、技术水平都是第一流的。在国家队里，他训练非常刻苦，对自己的要求也非常高。有时候一个动作不达到理想状态，他会一直练下去。就这样，通过刻苦的训练，他终于有了回报。他先后在亚洲以绝对的优势包揽了男子 1000 米和 500 米单人皮划艇金牌。在世锦赛上，他还拿到了 C1–500 第五名。

相比孟关良来说，杨文军稍显得矮了一些，但同样结实有力。杨文军出生在江西省丰城市一个农村家庭。小时候家里很穷，没有条件供他上学，父母就让他学习体育，能够在将来及早找一个好工作。在集训队里，由于运动量太大，家里又没钱给他增加营养，杨文军那时显得十分瘦小。

到了初中以后，他的父母一同去外面打工，杨文军则开始由爷爷奶奶抚养。由于缺少与父母的沟通，杨文军从小就比较内向。爷爷奶奶去世后，他变得更内向了。但是逆境并没有打倒他，而是让他变得更加坚强。

其实，杨文军生命中的第一桨是龙舟的桨，而不是皮划艇的桨。那时候当地男孩有一个成人仪式——"接标",即划龙舟。杨文军尽管内向,但是胆子很大,力气也大。在他刚上初中那年他就勇敢地登上了龙舟,并且依靠惊人的臂力一举成为当地有名的桨手。

父母见杨文军有这方面的天赋就把他送到了宜春水上运动中心去练习划艇。因为杨文军水感、力量和协调性不错,练的又是左桨,所以教练才愿意留下他。

杨文军在训练时特别能吃苦,训练非常认真,能够准确掌握动作要领。平日里除了练习划艇杨文军没有别的业余爱好,他只享受划艇以最快的速度冲过终点的那一刻。

当杨文军进入中国皮划艇队时,孟关良已经在国家队待了6年。两人各有各的特点,孟关良右舷划桨,杨文军左舷发力,他们既是天生的对手,又好像是完美的合作者。此时,这两个似乎为皮划艇而生的选手,还各自为战,没有合作的机会。

有竞争才有进步

在杨文军还没有进入国家队之前,孟关良一直是皮划艇队里的领军人物，几乎所有的亚洲大型比赛冠军都是他的。孟关良出色的战绩也成了当时很多年轻运动员不可逾越的高度。直到 2002 年，杨文军进入国家队后，孟关良感受到了这个年轻小伙子带给自己的压力——杨文军的出现正在动摇自己的地位。

与孟关良相比，个头稍显矮小的杨文军在肌肉的力量上并没有太多的优势，但杨文军却是一个喜欢琢磨的运动员。每次比赛后，他都会反复思考自己输在哪里，哪里需要改进。这种情况下，杨文军的成绩一天比一天好。此时年近 30 岁的孟关良感受到了来自杨文军的威胁。孟关良开始不断地为自己增加训练量，他不愿输给这个年轻的小伙子。同样倔强的杨文军，也一直不愿接受总是输给孟关良的现实。因为自从进入国家队以来，杨文军一直没有超过孟关良，这成了他心里的一个阴影。他相信自己总有一天能站在最高的领奖台上，超越孟关良也成了他当时最大的梦想。

就这样，两个人在训练中你争我赶，好像两个人更多的时间里是对手的关系。但是这样的内部竞争有利于提高运动员的竞技水平，因为当时我们国家在国际大赛上要取得皮划艇决赛资格都是非常困难的事。

就是在这样的情况下，国家队请来了波兰著名的皮划艇教练马克。在分析国内和国外运动员的差距以后，马克决定从强化运动员的体能开始。马克还是一位知人善任的教练，因为他把更多的目光放在了当时只是国家二线队员的杨文军身上。

为了让杨文军赶上孟关良，马克把杨文军的训练量提高到过去的两倍。在那段时间，杨文军曾经因为承受不了马克的训练强度而三次被送回省队。但是杨文军是倔强的，是不服输的，每次被退回去后他又重新赶了上来。2002年，杨文军终于用他不断的坚持证明了自己，他在全国冠军赛中以非常微弱的优势第一次赢了孟关良。

孟关良虽然第一次败给了杨文军，但同样倔脾气的他，并没有因此而气馁，他开始更加刻苦地训练。在马克教练的帮助下，一年后的孟关良在世锦赛上取得了世界男子单人皮划艇第五名的好成绩。

就这样，中国皮划艇的实力有了实质性的进步，从一人独霸水道，到双雄并立，杨文军和孟关良的个体实力大大增强了。

有一种友谊叫默契

尽管孟关良和杨文军同在国家队，一起训练了 3 年多，但孟关良开朗，杨文军沉闷，平时两个人很少交流，看上去两个人更像是对手。在外人眼里，他们并不像真正意义上的朋友。直到 2004 年雅典奥运会召开的 8 个月之前，两个人才成为搭档。

为打破中国水上始终没有奥运金牌的尴尬，国家水上中心决定将孟关良和杨文军组合在一起划双人艇。因为当时中国划艇队的博士们在检测训练用的肌电图中意外地发现了一个现象：孟关良是比较均衡的选手，而杨文军是一个爆发型选手。这个肌电图显示这是两个类型不同的运动员。

根据这次肌电图测试，教练马克决定将两个人组成双人艇。但最初，孟关良和杨文军并不愿意接受这样的决定。因为当时两个人成绩都不错，都有自己的想法。因此，也就没有一方愿意接受另一个人。

如果心拴不到一起，力使不到一块，又怎么能夺得奖牌呢？于是，国家集训队开始着重从培养孟关良和杨文军的感情上入手。让两个人住在一间宿舍，同吃同住。经过一段时间的磨合，两个人的关系逐渐融洽起来。在 2004 年德国杜伊斯堡世界杯总决赛中，孟关良和杨文军以 1 分 42 秒 92 夺得双人皮划艇 500 米冠军。这也是中国皮划艇选手夺得的首个世界冠军。就这样，他们顺利地拿到了奥运会入场券，配合了 8 个月的搭档终于找到了感觉。

2004 年 8 月 28 日，在雅典奥运会上，杨文军和孟关良完美搭档，取得了男子 500 米皮划艇金牌。这枚金牌是中国皮划艇项目的首枚奥运金牌。

成功的背后藏着太多的痛苦。孟关良和杨文军在集训期间的 8 个月里建立了深厚的友谊，两个人经历了太多太多，这些经历也成了他们值得一辈子珍藏的感动。后来坊间开始流传着"孟不离杨，杨不离孟"的说法，可以看出两个人的感情有多么深厚。

他们不会在任何人面前标榜他们的友情，也许是因为他们都知道——两人作为对手的时候总会比同舟共济的时候多，但是这两个人已经成了一对默契的好朋友。

陈一冰点评 ·

　　在奥运这个大家庭里，友谊的种子一旦播下，适时地浇灌，精心地培育，真诚地付出，就会开出成功的花朵。

　　在体育运动中，很多选手之间可能没有过多的语言上的沟通，但是在比赛中却能默契配合，一个眼神，一个动作，一句提醒，队友就知道你要做什么，自己就能配合上。

　　每次我们体操队的队员参加比赛，我们都会在赛前碰头，研究战术。因为我了解每个队员的心理状况，在比赛时我都会询问每个队员心里是否有顾虑、是否自信心不足，并进行相应的安慰和鼓励；同时我们会在比赛时给每个队员加油、提醒他们动作要领。这种默契的配合，也让每个队员的内心建立起一份强大的自信，比赛时都会超常发挥。

　　在 2011 年世界体操锦标赛上，当时我出任体操队的队长。在男子团体体操项目上，大家团结一致、默契配合，最终赢得了冠军。平时我和队员们一起训练时，都讲究配合，这对彼此默契合作起到了关键性的作用。很多团体项目，夺冠都是靠大家的一种默契，在逆境中大家不放弃希望，只有这样才能夺得冠军。

皮划艇的起源

皮划艇其实包括皮艇和划艇两个运动项目。皮艇最早起源于格陵兰岛，岛上的爱斯基摩人用兽皮、兽骨等材料制作一种小船，作为乘坐出行的狩猎工具，最开始爱斯基摩人把这称为"人船"。而划艇也叫"加拿大划艇"，起源于加拿大，它最早是从独木舟演变来的。独木舟的起源有很多说法，欧洲人说是起源于美洲，而我们国家的长江流域多处也发现过石器时代的独木舟，距今有 7000 多年的历史。此外，印度恒河流域、古埃及尼罗河流域等地也都发现过这种古代的独木舟。因此，从考古学的角度来看，独木舟应该与这些人类最早的文明古国有很大的联系。

皮划艇什么时候列入奥运会的？

到了 1865 年，才开始有了真正意义上的现代皮划艇运动。当时有一个名叫麦克格雷戈的苏格兰人用独木舟的设想制造出第一支皮划艇。他把这条船命名为"诺布·诺侬"号。后来，他又创建了英国皇家皮划艇俱乐部，并举办了第一次皮划艇比赛。1936年第十一届奥运会上，皮划艇开始被列为奥运会正式比赛项目。

奥运生和平，和平生友谊

奥运是和平的象征，促进了和平的发展，

可以说，奥运为促进全世界和平做出了巨大的贡献。

奥运产生了更多的和平，而和平产生了更多的友谊。

在奥运这个大家庭里，我们在分享和平的同时，

也收获了更多的友谊。

★ 女子乒乓球 ★

与主席结下忘年交

打动萨翁的女孩

　　1991 年世界乒乓球锦标赛上，我国乒乓球选手邓亚萍荣获冠军。当时邓亚萍的比赛吸引了坐在看台上的萨马兰奇主席，他十分欣赏邓亚萍那种大刀阔斧快速凶猛的打法，那种一往无前、不屈不挠的顽强作风。在颁奖仪式上，萨马兰奇走下看台亲自为邓亚萍颁奖，并对邓亚萍说："我非常喜欢你的打法，快速凶猛，看起来够味。"

　　这是一个极高的荣誉。在萨马兰奇看来，这个小女孩的身上完全体现了"更高、更快、更强"的奥林匹克精神。

从这以后，萨马兰奇和邓亚萍便结下了忘年交，一位慈祥的老人和一个球技极高的小女孩有了不解之缘。

有的人可能觉得奇怪，一位是普通的中国女运动员，另一位是国际体坛的奥委会主席，怎么会产生令人难忘的忘年之情呢？其实，正是体育运动，是奥林匹克精神把他们紧紧地联系在了一起，谱写了体育运动史上的一段佳话。

这个小女孩又有什么过人之处能够打动奥委会主席呢？在此之前，邓亚萍已经在亚运会、世乒赛等一些大型国际赛事上崭露头角。因为作风勇猛、球技高超，她在那时就已经成了国家队的主力。

邓亚萍出生于一个乒乓球世家，她的父亲邓大松曾经是河南省乒乓球队选手。邓亚萍在5岁那年开始跟随父亲学打乒乓球。邓亚萍天生有一股韧劲，不怕苦、不怕累。小时候邓亚萍与人打球时输了一定要赢回来，否则不让人家走。父亲邓大松对她的这种个性也是无奈地摇头。

在10岁那年，邓亚萍想进入河南省乒乓球队，但是由于个子矮，省队不愿意要她。当她从父亲那里了解到情况后，她懂了父亲的意思：别人说你不行，你就要自己争口气，要加倍苦练才行。从此，她在训练上更加刻苦了，最后终于通过自己的努力进入了省队、国家青年队、国家队。

进入国家队后，邓亚萍成了队中训练得最刻苦的人，这是全队公认的事实。她也正是凭着这种苦练的精神，以罕见灵活的速度、无所畏惧的胆色和顽强拼搏的精神，成为名副其实的世界乒坛皇后。

在萨马兰奇看来，"她（邓亚萍）非凡的成绩，是其艰苦努力与天才、不屈不挠的精神和尊重奥林匹克伦理观相结合的结果"。萨马兰奇也成了这个传奇女孩的粉丝。

此外，萨马兰奇和邓亚萍能成为忘年交，还与他们有共同的爱好有关。年轻时的萨马兰奇也特别喜爱乒乓球运动，曾经获得过西班牙的全国混合双打冠军。他说："我对乒乓球有特殊的感情，所以我积极主张将它列入奥运会正式比赛项目。"因为有了共同的爱好，所以两个人的情谊更深厚了。

特殊的奖赏

1991 年 9 月，日本举行了一次"萨马兰奇杯"乒乓球比赛，邓亚萍参加了这次比赛。比赛过程并没有什么太大的悬念，邓亚萍轻松夺得了冠军。这时来看比赛的国际奥委会主席萨马兰奇向邓亚萍发出了一个邀请，那就是有时间去洛桑做客。

要知道洛桑可是国际奥委会总部，在这之前还没有一个中国运动员有过这样的殊荣。邓亚萍听到这个消息，心里特别高兴。在她看来，这不仅是她个人的荣誉，也是所有中国运动员的荣誉。

1991 年 11 月 25 日，邓亚萍应邀来到洛桑。当她见到萨马兰奇时，用她家乡的语言对萨马兰奇进行了问候。这个老人很受感动，把邓亚萍拥抱在怀里，并用西方式的见面礼节亲了亲她的脸颊。

在晚宴上，萨马兰奇和邓亚萍聊得很投机。当得知邓亚萍 5 岁就开始练球时，萨马兰奇问："那时你有多高？打起球来是不是非常困难？"邓亚萍说："那时我的头刚超过球台，得把手举起来打。"这时萨马兰奇的秘书模仿儿童举手在头顶上挥拍打球的动作，把全桌的人都逗得哈哈大笑。邓亚萍有些不好意思地点点头说："就是这个样子！"

席间，邓亚萍送给这位特别投缘的老人一支自己的备用球拍和一对健康球，并祝福老人健康长寿。萨马兰奇也回送给邓亚萍一份礼物——一套介绍国际奥委会的纪念品和一盒瑞士产的巧克力。

一转眼，巴塞罗那奥运会来了。乒乓球比赛那天，萨马兰奇正在自己的房间里看电视转播。当他看到邓亚萍以2：0领先时，这位老人立即赶往赛场，正好赶上邓亚萍以3：1夺得冠军。萨马兰奇再一次将金牌挂在邓亚萍胸前。随后搂着小邓的肩膀亲切地说："我早就答应，要为你这个奥运会冠军颁奖，现在我做到了。"邓亚萍顽皮地回应着老人："开幕式上入场时我就看到您对我竖起大拇指，那个时候我就知道，我一定会赢的！"此刻，老人又与邓亚萍相约1996年亚特兰大奥运会。"你拿了冠军，我还亲自为你颁奖。""好，一言为定。"邓亚萍非常高兴地答道。

萨马兰奇佩服这位中国女孩真的如此神勇地实现了自己的诺言。在亚特兰大，萨马兰奇除了上台颁奖之外，还给了邓亚萍一个特殊的奖赏——在亿万双眼睛的注目下，老人像对待自己的小孙女一样抚摸了一下邓亚萍的脸颊。这动人的场面令人感慨万千，一个运动员能得到萨马兰奇一次颁奖机会已属十分荣幸了，而邓亚萍却多次获得这样的殊荣，可见邓亚萍和萨马兰奇的友谊有多深。

忘年交的不解之缘

1997 年邓亚萍退役了，但是她和萨马兰奇的忘年之情一直没有断。

当时邓亚萍退役后想去国外继续学习和深造，进一步充实自己。萨马兰奇非常赞赏邓亚萍的选择，还特意指点她说："你要先学好外语，这是你将来不可或缺的新的'球拍'；不论你学什么，你一定要回自己的祖国，为自己的人民服务。"

就这样，在萨马兰奇的指点下，邓亚萍进入清华大学外语系学习。本科毕业后，邓亚萍将自己 5000 多字的英文毕业论文送给萨马兰奇。后来，这份论文被萨马兰奇存放到了国际奥委会博物馆。后来，她又有幸被列入清华与英国剑桥大学交流的名单，得以继续出国深造。

到英国不久，国际奥委会运动员委员会要召开会议，邓亚萍在会上用一口流利的英语进行了发言，这让萨马兰奇很吃惊，原来邓亚萍的英语水平这么厉害了。讲演完毕之后，萨马兰奇带头为邓亚萍鼓掌。会后，萨马兰奇还向邓亚萍详细询问了她在英国学习的情况。当得知这里学习的费用很贵时，萨马兰奇主动表示邓亚萍这段时间的学习费用由国际奥委会支出。这让邓亚萍十分感动，这可能也是老人对她最好的奖赏吧！

在英国求学期间，在萨马兰奇的鼓励和帮助下，邓亚萍正式加入了国际奥委会运动员委员会。对于邓亚萍来说，"这既是国际奥委会的重用和信任，也是一次严峻的挑战"。

萨马兰奇一直像父亲一样，时刻关注和支持着邓亚萍。北京申办奥运会期间，为了做好工作，邓亚萍作为申办形象大使，开始奔走于世界各地。这期间，萨马兰奇也是在背后一直默默地关心和支持着邓亚萍的工作。

在这之前，萨马兰奇一直对中国人民有着深厚的感情，他特别希望自己在任期间能够让中国举办一次奥运会。这个心愿在他即将离任的最后时刻，终于实现了。

2001 年 7 月 13 日，萨马兰奇主席向全世界宣布：第二十九届奥运会主办权属于北京！北京申奥的成功不仅实现了萨马兰奇的心愿，也实现了全中国人民的心愿。

陈一冰点评

　　在奥林匹克这个大家庭里，有来自不同国家的运动员、教练员、体育官员，他们有不同的肤色，说着不同的语言，拥有不同的民族文化，但是这些来自世界各地的人们并没有因为文化差异而产生矛盾，这就是奥林匹克精神为我们创造的一种精神氛围。在这个氛围中，人们远离了由不同文化造成的冲突与矛盾，描绘出一派人类社会和平相处的图景。

　　奥运生和平，和平生友谊。在这个大家庭里，不管人与人之间年龄有多大差距，总会有一些人因为奥运走到一起，成为相互了解的挚友。奥林匹克运动让世界充满了友谊与爱！

乒乓球什么时候进入了奥运会？

乒乓球是中国"国球"，但是它真正进入奥运会的时间并不长。在 1988 年第二十四届汉城奥运会上，乒乓球才正式被列为奥运会比赛项目。在奥运会上，乒乓球项目设男子单打、女子单打、男子双打、女子双打 4 个小项。负责组织奥运会乒乓球赛的国际乒联设有由乒联主席、副主席和奥运会举办国乒协主席组成的奥林匹克委员会。

萨马兰奇曾为中国第一枚金牌颁奖

1984 年在洛杉矶举行的第二十三届奥运会上，萨马兰奇亲手颁发中国在历史上获得的第一枚奥运金牌。这枚金牌的获得者就是男子射击运动员许海峰。这枚金牌意义重大，因为从 1932 年中国首次派出运动员到洛杉矶参加第十届奥运会，经历了半个世纪的等待，中国人才第一次拥有了自己的奥运金牌。当时萨马兰奇亲自把这枚金牌挂在了许海峰的胸前，他曾说过要为中国颁发第一枚金牌。这同时也是萨马兰奇担任奥委会主席后颁发的第一枚夏季奥运会金牌。

女子跳高

一枚独特的金牌

全能的"宝贝"

美国运动员米尔德丽德·迪德里克森被很多专业体育人士认定为历史上最伟大的全能女运动员。她不仅精通各个运动项目，而且长得也非常漂亮，人们都非常亲切地称她为"宝贝"。

迪德里克森出生在美国的得克萨斯州，从小在跑、跳、投等方面就显现出极为出色的运动天赋，而且她还是一位优秀的高尔夫球选手，可谓十八般武艺样样精通。

1932年，美国举行了业余体联锦标赛，这其实也是奥运会选拔赛。在这场比赛中，迪德里克森一鸣惊人。

当时的迪德里克森一共参加了 10 个项目中的 8 个，因为当时比赛项目分布得不均衡，迪德里克森所参加的这 8 项全在同一天进行比赛。所以，整个赛场上随时都能看到迪德里克森的身影——一会儿标枪，一会儿跳远，一会儿铅球……忙得迪德里克森连喝水的时间都没有，好在她精力一直旺盛，成绩并没有因此而受到多大的影响。最后，她分别取得了跨栏、跳高、标枪、铅球、跳远、棒球 6 枚金牌，并创造了跨栏、跳高和标枪新的世界纪录。

她当时获得的总分比由 20 多名运动员组成的团队总分还要高。当主办方宣布迪德里克森的分数时，全场观众沸腾了，人们纷纷为之惊叹，这个小姑娘的身体里到底蕴藏着多少能量啊！

迪德里克森也很高兴自己能取得这样的成绩，但是奥运却只允许她参加 3 个项目，也就是说她的其他项目虽然取得了第一，但是也不能参赛。这让迪德里克森感觉很遗憾。

在 1932 年洛杉矶奥运会上，迪德里克森参加了标枪、跨栏和跳高比赛。在标枪和跨栏比赛中，她轻松夺得了冠军。

而在跳高比赛中遇到了一些麻烦，她遇到实力强大的同胞吉恩·希丽，结果吉恩·希丽夺得了冠军，而她只能屈居亚军。

此次奥运会之后，迪德里克森开始进军职业高尔夫运动。不得不说，迪德里克森是天生的全能运动专家。因为在高尔夫运动上，她也表现出了惊人的天赋。她在1946到1947赛季连续夺得14个巡回赛冠军。1954年，迪德里克森被确诊为癌症，但这并没有吓倒她，她仍然靠着顽强的意志夺得了当年美国女子高尔夫球公开赛的桂冠。

无疑，迪德里克森的这些成就足以说明她是历史上最伟大的女子全能运动选手。

半金半银的金牌

说到1932年洛杉矶奥运会，这其中还有一段关于迪德里克森和吉恩·希丽友情的故事。

在本届奥运会上，迪德里克森轻松取得了标枪和跨栏的冠军，在跳高上遇到了自己的同胞吉恩·希丽。吉恩·希丽的实力强大，是迪德里克森最有力的竞争对手。

在跳高决赛中，横杆的高度不断地在上升，最后场上只剩下迪德里克森和吉恩·希丽两个人在你争我夺。当横杆被抬到 1.65 米时，两个人都成功地一跃而过。当横杆被抬到 1.67 米时，两个人都没能跳过。当横杆又被降到 1.66 米时，吉恩·希丽成功地跳了过去，同时创造了新的世界纪录。

这时迪德里克森清楚地意识到，如果她这次跳不过去，就意味着比赛结束了。然而，在迪德里克森的头脑里，"失败"一词从来都不会出现。她调整了一下自己的呼吸，一个背越式飞过了横杆，平了刚刚由吉恩·希丽创造的世界纪录。

当所有人都认为比赛还会继续时，令人意想不到的事情发生了。裁判叫停了比赛，认为迪德里克森的最后一跳无效。原因是她的背越式过杆，让头比身体先越过了横杆。这种以"跳水姿势"来跳高的方法被认为不合规范。

迪德里克森心里有些不甘，马上进行了抗议。因为整个上午以及之前的预赛，她都是这么跳的，并没有裁判指出她这样做不行。吉恩·希丽也觉得这样做是不公平的，她也为迪德里克森的遭遇鸣冤。但是裁判固执地说:"之前我们并没有看到,但是这次我们看到了。"根据这个判罚,裁判取消了迪德里克森最后一跳的成绩,只保留 1.65 米的成绩。于是,吉恩·希丽获得这枚跳高金牌,迪德里克森获得了银牌。

虽然在这届奥运会上迪德里克森没有取得跳高的冠军,但是在本届奥运会后不久,国际田联确定迪德里克森的跳法是一种新的跳高方式,从此开始推广。

迪德里克森和吉恩·希丽虽然共同经历了这一次不快,但是这并没有影响到两个人的友情。奥运会结束后,吉恩·希丽和迪德里克森仍然在一起训练,经常在宿舍里探讨比赛技巧。有时两个人还会拿出各自的奥运奖牌,回忆那段美好的时光。

有一次,吉恩·希丽突然灵机一动,她想出了一个独特的让两个人共同分享冠军奖牌的主意:那就是请专业工匠把各自的奖牌对半切开,互相交换一半后再焊接在一起。这样,就出现了两个半金半银的奖牌。她们的这种做法虽然破坏了奖牌原来的价值,但却赋予了奖牌更深刻的含义,使两个人的感情得到了进一步的升华。

　　此后，她们两人在为体育事业奋斗的征途中互相勉励，互相学习，取长补短，确实比亲姐妹还亲。每当大型赛事一起登上领奖台时，她们又是欢呼，又是拥抱，总是沉浸在胜利的欢乐中。

·陈一冰点评·

在奥运赛场上，不管是对手还是队友，深厚的友情是让人感动的。在冬奥会上也曾发生这样令人感动的一幕。

1964 年，奥地利的因斯布鲁克举行了第九届冬奥会。当时的意大利选手欧金尼奥·蒙提和沙治奥·萧佩斯是双人雪橇赛夺冠的种子选手。当他们两人在等待第二次滑行时，看到英国队的东尼·纳希和洛宾·狄克森两人的雪橇出现了一点问题。

要知道，这两人在第一次滑行时成绩是排在第一名的，但之后这两人的雪橇后轴上的一个螺栓断了，下面的比赛无法再进行了。此时蒙提完成了他的第二次滑行后，便把自己雪橇的螺栓拆下来给了纳希。结果纳希和队友狄克森赢得了这枚金牌，而蒙提和萧佩斯只得了一枚铜牌。

虽然蒙提和萧佩斯没有夺得这枚金牌，但是这一刻，冠军之争显得无足轻重；这一刻，激烈对抗变成了一种友谊的交流。

奥林匹克运动崇尚"更高、更快、更强"的竞技精神，也展示着属于每个人自己的奥林匹克情怀。而每一个具有崇高追求的人，都以人性的自然流露，从另一个角度诠释了奥运精神。

　　我参加过两届奥运会，我也亲历过很多这种友情的自然流露。在 2008 年参加北京奥运会时，我和杨威两个人分别被分在两个组。当时杨威进行的是双杠比赛，而我当时要进行单杠比赛。因为杨威非常信任我，就找我来给他调整双杠的宽度，还有调和防滑的镁粉。我觉得这不仅是杨威对我的信任，更是知己之间相互了解的见证。

　　总的来说，奥运赛场上的对决，有生逢高手的痛苦，更有棋逢对手的畅快淋漓。但奥林匹克运动的最终目的，不是对抗，也不是成绩，而是交流与友谊。

"创纪录的奥运会"

1932 年的洛杉矶奥运会注定是不平凡的,后来有人把这次奥运会称为"创纪录的奥运会"。当时田径就有 12 项世界纪录被打破,24 项奥运会纪录被刷新,单从这一方面就可以证明这届奥运会有多么的成功。当然,这届奥运会也出现了一些不和谐的画面,比如水球比赛中出现了打架的场景,摔跤比赛中也有不和谐的事件发生。但不管怎么说,这届奥运会的举办整体上是非常成功的。

雷蒂宁和希尔的友谊

在洛杉矶奥运会上,人间真情随处可见。在男子 5000 米跑比赛中,来自芬兰的选手雷蒂宁和美国选手希尔杀进了决赛。当两个人跑到最后一圈时,都已经累得不行了,身体也出现了明显的摇摆。当希尔在最后 100 米准备冲刺时，雷蒂宁试图向右边让道，却挡住了希尔的路。希尔不得不放慢速度，想从左侧超过去，此时雷蒂宁又向左躲，再次挡住了希尔的路。虽然雷蒂宁马上闪开了，但这时已经晚了。最终雷蒂宁以早到一个肩膀的距离获得了冠军。全场观众对此非常不满，认为雷蒂宁故意这样做，应该取消他的成绩。但是希尔却觉得雷蒂宁完全是无心之举。经过裁判的商议，雷蒂宁的成绩没有被取消。在领奖时雷蒂宁也向希尔表达了自己的歉意，同时把田径队的纪念别针别在希尔的胸前，希尔也把美国田径队的纪念章回赠给雷蒂宁。这样感人的场景，赢得了现场观众雷鸣般的掌声。

◆ 男子长跑 ◆

我的荣誉也是你的荣誉

两个长跑者的友情

在捷克斯洛伐克，有一个家喻户晓的明星，那就是艾米尔·萨托柏克。他不仅因为是一位出色的长跑运动员闻名于世，更因为与一位来自澳大利亚的长跑选手维恩·克拉克结下的深厚友谊而一直为世人津津乐道。

艾米尔·萨托柏克出生在一个普通的矿工家庭，最初在一家制鞋厂工作。其实小时候的艾米尔就具有跑步的天赋，每次和小伙伴们比赛跑步，小艾米尔都是最先到达终点，而且领先第二名很远的距离。只是家人从没有注意他这一点。直到有一天，他参加了当地的一个体育比赛，当时没有经过任何正规训练的艾米尔在 100 多人中取得了第二名的成绩，这时他的家长才发现艾米尔原来如此出色。

为了不浪费艾米尔的运动天赋，家人就让他接受正规的体育训练。从此，艾米尔变得一发不可收拾，开始不断地创造着属于他自己的奇迹。

在 1948 年，艾米尔参加了他人生中的第一个奥运会。在 10 000 米项目中，他在 10 圈后便处于领先位置，最终以 300 多米的优势获得金牌。三天后，艾米尔又参加了 5000 米决赛，并获得了银牌。

在 1952 年赫尔辛基奥运会上，艾米尔迎来他人生最为辉煌的时刻。他首先参加了 10 000 米的比赛，并以 100 米的优势拿下个人的第二枚奥运金牌。随后他又参加了 5000 米比赛，在离终点还有 200 米的时候，他还在第四名，但是在转过最后一个弯道后他已经冲到了领先位置，最后以 5 米的优势夺冠。"但我依然加速快跑，结果奇迹发生了，我发现其他选手已经体力不支了"。

随后他还参加了马拉松比赛，尽管他以前从来没有跑过马拉松，但他仍然毫不费力地赢了其他选手，获得了马拉松金牌。艾米尔也成为唯一一个在同一届奥运会上获得5000 米、10 000 米和马拉松三枚金牌的运动员。

尽管这么多年来艾米尔取得了无数的荣誉，但并不是每次荣誉的获得都是那么轻松的。因为每一个伟大的人物总会遇到一个强劲的对手。在多次参加的大型体育赛事中，艾米尔结识了来自澳大利亚的另一名长跑运动员——维恩·克拉克。

在一些大型比赛之余，两个人总是在一起探讨比赛的细节，探讨如何能够提高比赛成绩，两人丝毫没有保留，把自己的成功秘诀告诉对方。就是这样的两个人，不仅没有因为是对手而心怀怨恨，反倒是因为两个人都有共同的理想和追求，使得他们很快建立起深厚的友谊。

伟大的失败者

说起维恩·克拉克，其实他的荣誉一点也不比艾米尔少，他曾创造过 18 项世界长跑纪录，但他始终是遗憾的，因为他参加过两届奥运会却从未获得过一枚奥运金牌，只获得过一枚奥运铜牌。

克拉克出生在澳大利亚的墨尔本，他的父亲是一名足球运动员，哥哥是健身俱乐部的一员。在父亲和哥哥的影响下，克拉克从小就喜欢上了长跑运动。后来，他成了全世界闻名的长跑高手。

之所以没有在奥运会上取得金牌，并不是因为克拉克不具备竞争实力，他在其他大赛上的最好成绩都远远超过了奥运会冠军的成绩。

有一年，克拉克的成绩震动了世人。克拉克在澳大利亚创造了男子 5000 米长跑世界纪录，接着一个月之后他在新西兰又打破自己创下的纪录，然后他经由欧洲到达美国加利福尼亚，将这项纪录又足足缩短了 8 秒。世人为之震惊！

虽然克拉克在不断地创造世界纪录，但他只要一踏上奥运的环形跑道，就会出现比赛失常的问题，就像一个可怕的魔咒一样降临在他身上，使他始终与金牌无缘。当时人们把平时成绩特别好但一到重大比赛就失常的现象叫"克拉克现象"，而克拉克也成了一个"伟大的失败者"。

尽管克拉克心怀遗憾，但是他一直没有放弃，一直努力着。这期间，他遇到了艾米尔·萨托柏克，虽然自己一直没能在一些大赛上战胜艾米尔，但是他们却结下了深厚的友谊。

我的荣誉也是你的荣誉

1964 年，日本东京举办了第十八届奥运会，各国运动员从五大洲聚集到了这里。克拉克和艾米尔再一次在 10 000 米长跑赛上相遇，克拉克相信这次自己一定能在奥运会上战胜艾米尔，因为他已经做好了充分的准备。

在 10 000 米长跑赛上，克拉克和艾米尔两个人很快就甩开了其他选手，只剩下两个人在争夺冠军。尽管克拉克很努力地追赶艾米尔，但是在最后冲刺时他还是差了一点点。这让克拉克很是懊恼，艾米尔过来拥抱他、安慰他，全场观众也都为这两个人鼓掌，向这两个人的友谊致敬。

事后，克拉克专门去拜望了这位老朋友，艾米尔热情接待了克拉克，两人在一起畅聊了很长时间。临别之前，艾米尔郑重地交给克拉克一个精美的礼盒，并嘱咐他在登上飞机前不要打开它。克拉克有些迷惑，但还是听从了老朋友的忠告。

当飞机离开了东京，飞越太平洋上空时，克拉克把艾米尔给自己的礼盒打开，发现里面是一枚金光闪闪的奥运金牌，正是本届奥运会 10 000 米金牌。克拉克呆住了，为什么艾米尔会把这块意义重大的金牌送给自己呢？

克拉克发现金牌的下面还压着一页信笺，他打开信笺，只见上面写道"亲爱的克拉克，感谢你这么多年来一直伴我驰骋赛场。你知道吗？正是因为你这种屡败不馁的精神激励着我，它让我时刻明白：无论在什么时候，都要戒骄戒躁，勇往直前。因此，我的成绩也有你的血汗，我的荣誉也就是你的荣誉。今天把这枚金牌赠给你，它应该属于你，请接受我诚挚的情意……"

克拉克看了这封信后非常感动，他把这枚金牌当成了见证两个人友谊的无价之宝，一直留在身边。这个故事也很快被世人传颂，成为世界体坛的一段佳话。

·陈一冰点评·

　　奥林匹克运动会上最让人难以忘记的是这些感人的瞬间。这些品格高尚的运动员，他们尊重对手，渴望真诚的友谊，看淡比赛成绩。在他们看来，正是因为有对手的激励，有朋友的激励，自己才会取得如此骄人的成绩。每次比赛时看到自己敬重的对手失败了，我都会主动上前给他一个拥抱，这不仅是激励，更是人与人之间友谊的体现。

　　这种友谊在赛场外也随处体现。我在 2008 年北京奥运会上，既夺得了中国男团金牌，又如愿以偿地获得了吊环个人金牌。这时我的个人竞技生涯可以说达到了顶点，如何在未来的人生中继续超越自己，却成了一个难题摆在我的面前。

　　那时，我已经是奥运冠军了，我还要追求什么呢？再加上每天面对艰苦的训练以及身上伤病的折磨，我也不可能再取得更优异的成绩了。这时，我能选择的路只有一条，那就是退役。

后来，当我每天训练结束后打开电脑，看到粉丝、网友们给我的鼓励、支持，我非常感动。在我已经无法靠自己的意志力坚持下去的时候，是粉丝、网友传递出的正能量，汇集成了支持我坚持到伦敦奥运会的巨大力量。正是这些看不到的特殊友谊支持我不断向前、向前。

非洲黑人为什么善于长跑？

一直以来，非洲的埃塞俄比亚和肯尼亚运动员都是万米以上长跑运动的领军者。他们曾是 40 项世界纪录中 37 项的创造者。为什么黑人如此善于长跑呢？

英国科学家推测，埃塞俄比亚和肯尼亚的运动员之所以善于长跑，是因为这些运动员与生俱来的长跑基因。科学家们确信这些运动员具有超强的长跑能力，很可能是由于和其他非洲黑人相比，他们的 Y 染色体的四个基因发生了变异。此外，这些运动员具有一定的吃苦耐劳的奉献精神。另外社会和地理的因素也对他们的成功起了一定的作用，比如说他们从小就不得不在高海拔地区跑很长的路去学校，这为此后进行长跑运动打下了良好的基础。

✦男子长跑✦

国旗虽小，情意深重

吃素的长跑高手

在第五届瑞典的斯德哥尔摩奥运会上，一位芬兰长跑选手横空出世，惊艳了全世界，这个人就是汉内斯·科勒赫迈宁。

科勒赫迈宁出生于芬兰的一个体育世家，他上面还有两个哥哥，同样也是长跑选手。虽然他们没有科勒赫迈宁有名，但也具备一定的实力。

科勒赫迈宁其实并不是从小就练习长跑，属于半路出家，在他17岁那年才开始练习长跑。尽管如此，他却具有极高的长跑天赋。通过勤奋的训练加上出色的天赋，他在此后的一些重大比赛中多次夺冠。从此，在国内小有名气的科勒赫迈宁成了很多年轻人的偶像，一些年轻人开始像他一样爱上长跑。在20世纪上半叶，芬兰也跻身于世界长跑王国。

长跑本身是一项非常消耗体能的运动，可科勒赫迈宁却完全是一个素食者，平时不沾半点荤腥，这不禁让人感觉惊异。由于长期的长跑训练和长期的素食，科勒赫迈宁体形消瘦，身高仅有 1.69 米，体重只有 60 公斤。很多素食主义者常拿科勒赫迈宁做榜样，认为完全的素食对人体是有益的。

对于科勒赫迈宁来说，他最大的劲敌是世界纪录保持者法国选手让·布安。让·布安出生于法国的马赛，是世界著名长跑运动员之一。1908 年，让·布安首次代表法国参加了在英国首都伦敦举行的第四届奥运会，但由于这届奥运会的男子长跑仅设 5 英里一个项目，而这个距离又不适合让·布安，所以他无功而返。之后，1911 年 11 月在巴黎举行的一次 10 000 米比赛中，让·布安以 30 分 58 秒 8 的成绩创造了世界纪录。

科勒赫迈宁和让·布安都知道对方是强劲的对手，可两个人却还没有真正交过手，直到 1912 年在瑞典首都斯德哥尔摩举办的第五届奥运会。

一面国旗带来的友谊

1912 年，斯德哥尔摩举办了第五届奥运会。在本届奥运会上，国际奥委会正式将 5000 米、10 000 米比赛列入奥运会比赛项目。这时科勒赫迈宁和让·布安都报名参加了斯德哥尔摩奥运会，科勒赫迈宁参加 5000 米和 10 000 米的比赛，而让·布安只参加了 5000 米的比赛。

在首先进行的 10 000 米比赛中，因为法国选手让·布安放弃了 10 000 米的比赛，专攻 5000 米，所以科勒赫迈宁轻松地夺得了 10 000 米冠军。

一天以后，5000米决赛正式开始了，这时让·布安也露面了，两个人的决战正式拉开帷幕。因为在预赛时，让·布安的成绩是15分8秒，科勒赫迈宁的成绩是15分38秒9，科勒赫迈宁稍逊一筹，这让科勒赫迈宁感觉到了真正的压力。大多数人对布安取得冠军毫不怀疑，甚至有记者预言："明天，让·布安一定会登上冠军的领奖台。"让·布安本人也对这次比赛充满信心。

决赛开始，科勒赫迈宁抢先领跑。两圈过后，他与让·布安俩人开始交替领先，此时他们已把所有选手抛到了后面。两个人形影相随，谁也不肯让一步。此时谁也不能断定冠军到底归属于他们中的哪一位。

离终点大约还有 30 米的时候，让·布安已经领先几步的距离，科勒赫迈宁再一次试图超越，而让·布安这次用改变前进线路的方法把他挡在了身后。离终点还有 20 米的时候，科勒赫迈宁突然凝聚了全身的力量，开始加速，疯狂地追赶着正冲向终点的让·布安。就在最后的一刹那，科勒赫迈宁超过了让·布安，以微弱的 0.1 秒险胜对手。同时，科勒赫迈宁也成为世界上第一个 10 000 米跑进 15 分钟内的运动员，而让·布安则是第二个跑进 15 分钟内的运动员。

之后，科勒赫迈宁在个人越野比赛中夺得了他的第三枚金牌。这位优秀的长跑健将在斯德哥尔摩夺得 3 金 1 银，从而名扬天下。

奥运赛场上的掌声和荣耀，是无数运动员梦寐以求的，但是对于科勒赫迈宁来说却是痛苦的。因为科勒赫迈宁的故乡芬兰当时属于俄罗斯帝国的一部分，科勒赫迈宁虽然赢得了世界冠军，却只能升起俄罗斯帝国的国旗，不能升起祖国的国旗是多么令人遗憾的事啊！

站在领奖台上的科勒赫迈宁当时非常伤感地说："当我看到那面旗子升起，我几乎就不想赢了。"法国人让·布安十分理解科勒赫迈宁的心情，于是他从观众席上找来了一面小小的芬兰国旗，递给了科勒赫迈宁，以表示对他和他的祖国的敬意。这让痛苦中的科勒赫迈宁顿时振奋起来。他接过芬兰国旗，用力挥舞着……

事后，科勒赫迈宁向让·布安伸出了友谊之手，两个男人的手紧紧地握在了一起。科勒赫迈宁从法国人的眼睛里，不但看到了同情，更看到了人类的友谊。从此，这两名出色的运动员结下了深厚的友谊，成为当时的一段佳话。

陈一冰点评

　　在男子体操比赛中，日本和美国都是我们国家的强劲对手。尽管中日之间存在一些隔阂，但是近年来随着各种体育大赛的举行，中日之间的体育竞争虽然十分激烈，但是中日运动员间的友谊也得到了明显的改善。

　　对运动员来说，运动场永远是一个残酷的世界，不是你胜就是他败。然而，纵观现代奥运史，出现过无数创造和打破纪录的天才运动员，但真正为后人记住和钦佩的，不是竞争，不是角力，而是那些在境界上超越了赛事胜负本身的选手们。这样的选手在奥林匹克大家庭里发挥了"友谊第一，比赛第二"的良好风貌，让世人看到我们是一个和谐友爱的大家庭。

让·布安邮票

1960 年 7 月 9 日，法国政府为即将在罗马举行的第十七届夏季奥运会发行了一枚面值 0.20 法郎的纪念邮票。这枚邮票的正面正是荣获第五届斯德哥尔摩奥运会男子 5000 米跑银牌的让·布安，邮票的背景是以让·布安的名字命名的布安体育场。

因为后来让·布安从军，并在 1914 年 9 月 29 日的一次战斗中阵亡。法国人民为了纪念这位英雄，开始收集让·布安的纪念邮票，以至于让·布安邮票成了奢侈品，很难在市面上买到。

科勒赫迈宁邮票

1969 年 5 月 16 日，海地共和国为了纪念这位长跑英雄，专门发行了一套"现代奥运会马拉松金牌得主"邮票，其中科勒赫迈宁出现在一枚面值 0.25 古德的邮票上。

　　之后，在 1989 年 10 月 9 日，芬兰为了纪念本国这位最伟大的长跑运动员科勒赫迈宁诞生 100 周年，特地发行了一枚面值 1.90 芬兰马克的邮票。邮票的正面是科勒赫迈宁在第五届斯德哥尔摩奥运会男子 10 000 米长跑比赛中冲过终点线的雄姿。

把对手送上最高领奖台

珍贵的建议

　　1932 年的洛杉矶奥运会注定是一届友谊和谐的盛会。在这场盛会中有一对朋友的友谊故事成了当时的一段佳话，那就是关于邓肯·麦克诺顿和勃·范奥斯德尔的故事。

　　范奥斯德尔是一位优秀的美国田径运动员，而麦克诺顿则是加拿大有名的田径运动员。两个人原来都曾在美国南加州大学读过书，是同学，也是朋友。在大学期间，两人还同时练习了跳高，而且成绩都很突出。

　　最终两个人在洛杉矶奥运会上相遇，只不过范奥斯德尔代表的是美国队，而麦克诺顿代表的是加拿大队。

跳高比赛竞争十分激烈，你争我夺，选手们各不相让，最后笑到决赛的是麦克诺顿和范奥斯德尔。当时两个人都很矛盾，因为他们既是对手又是要好的朋友，决赛场上注定有一个人要败给另一个人，谁失败了对方的心里都不好受。

但比赛就是比赛，双方又各自代表着不同国家的荣誉，不能因此有丝毫"放水"的现象发生。就这样，两个人都充分发挥了各自的水平，给观众们奉献了一次又一次的精彩比赛。

当跳高的横杆升到 1.97 米时，范奥斯德尔发现自己的这位朋友在跳高时有些地方需要改进，自己不能置之不理。于是他走到麦克诺顿跟前把自己的想法说了，麦克诺顿听了对这位朋友的坦诚非常感动。

当麦克诺顿准备起跳时，范奥斯德尔在旁边鼓励地喊道："把脚蹬上劲儿，你就能跳过去。"麦克诺顿听从了好友的建议，第一次就成功地跃过了这个高度。遗憾的是，范奥斯德尔由于准备不足，第一次没有跳过这个高度，第二次才跳过这个高度。最后的冠军自然归属于一次就成功跳过的麦克诺顿，而范奥斯德尔只能屈居亚军。

正是朋友的一句忠告成就了麦克诺顿的金牌，赛后两人紧紧相拥。麦克诺顿非常感谢朋友对自己的忠告。当记者采访麦克诺顿时，他这样说："我获得金牌，有一半的功劳要属于范奥斯德尔。"

虽然这届奥运上范奥斯德尔没有取得跳高的冠军，但他也并非人们眼中的失败者，反而有更多的人记住了这位善良的小伙子。

为朋友复制金牌

麦克诺顿和范奥斯德尔的友情在洛杉矶奥运会上得到了升华。

当时的范奥斯德尔参加完奥运会，继续在南加州大学读书，直到毕业，他并没有选择成为一名职业跳高运动员，而是在当地做了一名牙科医生。在牙科领域，范奥斯德尔同样很出色。同时他也始终和麦克诺顿保持着联系。

一个偶然的机会，范奥斯德尔听说麦克诺顿把金牌弄丢了，他很为老朋友着急。原来，麦克诺顿是一个粗心的人，有一次他的朋友想要看他的金牌，于是他就拿着这枚金牌到朋友家做客。席间他多喝了一点酒，结果回家后却发现把金牌落在了车上。

第二天酒醒后麦克诺顿才想起来找金牌，结果翻遍了家里的角落也没有找到。后来他突然想起来了，金牌落在车上了。于是他匆匆忙忙到车子里去找，这时才发现金牌被盗走了。麦克诺顿非常懊恼自己的粗心，虽然当时报了警，但是警方也没有找到失窃的金牌。

此时的范奥斯德尔觉得有必要为好友做点什么。于是范奥斯德尔找出了自己的那枚银牌，特意找了一家金店，用黄金复制了一枚金牌，并送给了自己的朋友。

当麦克诺顿接过这枚金牌时，感动得泪流满面，并深情地拥抱了老朋友，嘴里喃喃地说道："我无法用语言来表达对朋友的感谢。"

这件事后来成了一段佳话，世人也从这对朋友间发生的事情上看到了真正的友谊是多么伟大。

陈一冰点评

在奥运赛场上，比赛是短暂的，但友谊是永恒的。作为人类合作与沟通最直接、最简单的方式，奥林匹克运动给予了更多人一个沟通的广阔空间，同时它也成了连接友情和智慧的纽带，将更多的人紧密地联系在一起。

奥运赛场上的竞技应该是一场快乐而公平的较量，在赛场上对决的选手既是对手也是朋友，如果双方能携起手来一同前行，必然会增进彼此间的友谊，共同谱写出一曲曲动人的友谊之歌。

俗话说帮助别人其实就是帮助自己。我们每一个人都应该具有这样的胸怀，不要始终把对方当成对手，多一份真诚，多一份微笑，再多一份哪怕非常微小的帮助，我们就能收获到比任何胜利都有价值的快乐。

当然，我们知道奥运的赛场是残酷的，成功与失败之间的转换只在一刹那。奥运会是全世界人民的体育盛会，我们每一个人都企盼了许久。每个观看比赛的人都希望看到运动员在赛场上全力拼搏，绝不给对手任何机会，这样的比赛看起来才有激情，如果一团和气是赛不出最好成绩的。

但我们应该更清楚，比赛虽然残酷，运动员在场上是对手，到了场下我们却不希望看到有隔阂和仇视。每个选手不管是认识的还是不认识的，没有上场的时候只有一个身份，那就是朋友。我们希望不管是运动员还是观众，都在心里把"朋友"二字摆在最重的位置。不管是哪个国家的运动员，在奥运赛场上，他们的名字只有一个，那就是运动员，我们应该为他们助威加油。

在2012年伦敦奥运会上，我的表现堪称是完美的，但还是以0.1分的劣势不敌巴西选手纳巴拉特·扎内蒂。这个结局对于我来说有些残酷，虽然非常失望，但我觉得我是中国的代表，此时必须表现得大度，我当时很淡定地拥抱巴西对手表示祝贺。虽然比赛总有输赢，但作为吊环王的风度不能丢，即便无缘伦敦奥运金牌，但我会一直保持着这种崇高的体育精神。

"同时撞线"的纠纷

在洛杉矶奥运会的 100 米决赛中，还出现了这样一件事：当时美国选手托兰和麦特尔夫冲到终点时几乎一同撞线。其中，为托兰计时的 3 块表中有两块是10 秒 3，另一块表则显示是 10 秒 4；而为麦特尔夫计时的 3 块表显示的都是 10 秒 3。这可难倒了裁判，不知如何是好。最后有人提出判托兰比麦特尔夫领先2.5 厘米，但这样的判决结果很难让人信服。事实上这样的纠纷在奥运赛场上屡有发生，直到第十八届东京奥运会上，奥委会正式使用了发令枪和电子计时器设备联结的计时方法，并在终点设置高速摄影或录像设备，这样才彻底消除了"同时撞线"带来的纠纷。

世上跳得最高的人

古巴著名田径运动员哈维尔·索托马约尔被誉为

世界"跳高之王",他曾创造了室内 2.43 米和室外 2.45 米的跳高世界纪录,而 2.45 米的世界纪录至今仍然无人能够打破。可以说他是 20 世纪世界上跳得最高的人,同时他还是挑战和超过生理学家预言人类跳高最高界限 (2.40 米) 的 6 名运动员之一。

亦师亦友，情义无价

有人说，一日为师终身为父。

师徒之间就如同父子，训练场上是严父，

在生活中则是慈父，更是朋友。

师徒一场，注定感恩一生。

只有懂得感恩的人，才能成功。

✶男子射击✶

电话传深情

射鸟男孩的射击梦

2004 年雅典奥运会直播期间，在沈阳市一所面积不大的老屋中，三个已经上了岁数的老人围着一台电视机，目不转睛地看着奥运会的直播。其中一个老人还拿着本子记录着什么，边记还边对身边的两位老人解说着："这一枪打得好……他在调整，下一枪就好了……"随着他的解说，另外两名老人不停地点着头。

这三个老人分别是奥运射击冠军王义夫的爸爸妈妈和教练李天波。电视上正在播放的就是正在参加雅典奥运会射击决赛的王义夫。

　　当比赛成绩宣布后，小屋里爆发出一阵欢呼声，李天波拿出早已准备好的鞭炮，噼里啪啦地放了起来。在去雅典之前，李天波曾和王义夫通过电话，在电话里他十分担心王义夫的身体状况，早在亚特兰大奥运会上，王义夫就曾因为伤痛晕倒在了地上，错失了金牌。这一次，李天波很怕王义夫的身体会支撑不下去，但是王义夫却在电话里信心十足地告诉他："没问题！"既然自己的学生说没问题，那就一定没问题，金牌非他莫属。

　　结果王义夫果然没有让李天波失望，虽然李天波早已经不是王义夫的教练了，但是作为启蒙教练，李天波在王义夫的心中有着举足轻重的位置。看着电视上王义夫露出的笑脸，关于他的点点滴滴在李天波的头脑中浮现了出来。

　　小时候的王义夫最喜欢的事情，就是用弹弓射鸟玩儿，他做梦都想拥有一把手枪。有一次，父亲带他到部队看望老朋友，王义夫一进去就被满墙挂着的步枪吸引住了，看得眼睛一眨都不眨。父亲见到王义夫这么喜欢枪，就在他12岁生日那天，送给他一支鸟枪，王义夫对这支鸟枪喜欢极了，后来他得知在体校能够学习射击，便央求父亲送他上体校。原本还想让儿子以学习为主的父亲，经不住苦苦哀求，只好满足了儿子的心愿。

进入体校后，迎接王义夫的教练就是李天波。因为学校离家比较远，王义夫每天凌晨3点就起床，然后一路跑着到体校。

到了学校，王义夫顾不上休息，就拿起沙腕套在手腕上，然后举起枪对着靶子，这一举就是三个多小时。最初这样练习时，王义夫回到家中连杯水都端不起来。李天波看在眼里，自然很心疼这个刻苦的孩子，于是便告诉他，每天练习完了，可以按摩手臂，这样能够缓解一下肌肉的酸痛。按照李天波教练传授的方法，王义夫训练后进行按摩渐渐适应了这种练习。

但是王义夫却不满足于此。为了能够多多进行训练，王义夫干脆搬到了体校里住。每天别的学员都停止练习了，王义夫还在那里端着枪练习。李天波怕他这样下去对身体不利，每次都提醒他早点休息，可是王义夫就是舍不得放下枪。刻苦训练是好事，但要是因此将身体熬坏了，那可就得不偿失了。于是为了让王义夫早点休息，每天训练完，李天波都会将王义夫的枪收起来。

　　结果没了枪的王义夫，就手里举块砖头在那里练习。这下李天波彻底被这个倔强的孩子给征服了，他认定这个孩子将来一定能练出好成绩。

停不下来的爱

　　王义夫在体校待了不到半年的时间，省队就来人到体校招生了。当时招生的唯一标准就是，看谁能够将树上的鸟射下来。当时很多学员都走上前去扣动扳机，但是没有一个人能够成功。这时，从小就喜欢拿着弹弓射鸟的王义夫说了一句："我行！"说完，他拿过枪，"啪"的一声，一只小鸟应声落地。就这样，王义夫被选进了省队。

　　到了省队，王义夫的训练比以前更加忙碌了。但是只要一有时间，他就会给李天波教练打个电话，两个人在电话里交流心得，那时候李天波对王义夫说得最多的一句话就是："要有平和的心态，懂得调整自己。"王义夫将这句话记在了心里，无论走到哪里都"带"着。

　　1984 年王义夫第一次参加奥运会，当时跟他一起参加比赛的还有打响中国第一枪的许海峰。在那届奥运会上，许海峰拿到了金牌，王义夫拿到了铜牌，当他看着体育场上冉冉升起的两面中国国旗时，王义夫第一次感受到了为国争光是怎样一种体验。当时大家都在为中国一下子拿了两枚奖牌而兴奋，只有坐在电视机前的李天波有些不服气，因为裁判进行了误判，王义夫应该拿到的是银牌。这边李天波愤愤不平，那边王义夫就打来了报喜讯的电话。

当得知李天波教练为此生气时，王义夫还耐心地开导起李天波来，他说自己参加奥运会就是为国争光的，不管是银牌还是铜牌，他都让五星红旗在奥运会的赛场上升起来了。并且他还在电话中向李天波保证，下一次一定能够拿到金牌。听到王义夫这么说，李天波瞬间感觉到王义夫长大了，再也不是那个拿着弹弓射鸟的小男孩了。

王义夫说话算话，这之后的比赛中，只要王义夫参加了，都能拿一块金牌回来。直到1988年的汉城奥运会上，因为顾虑太多，王义夫发挥失常，最终只得了第七名。李天波教练知道王义夫心中一定不好受，所以在第一时间就给王义夫送去了安慰。李天波的关怀，重燃王义夫的斗志。在巴塞罗那奥运会上，王义夫终于得到了第一块奥运金牌，也是这块金牌，让王义夫更加热爱射击这项事业了。在亚特兰大奥运会举办前夕，王义夫因为终日练习，身体出现了极大的不适，大家都劝他不要参加奥运会了，只有李天波知道，除非王义夫自己放弃，否则谁也不能阻挡他的脚步。

结果，王义夫在打最后一环的时候，他的手抬起来，又放下；再次抬起来，却又再次放下。李天波看着这一幕，心里就像火燎般着急，他是在为王义夫的身体着急。终于，李天波最不想看到的一幕发生了，王义夫最后一枪打出了最差的成绩，一下场，就晕倒了。最后，王义夫只夺得了银牌，但是在李天波心中，这枚银牌比金牌更加沉重。

转眼间，王义夫已经参加了 5 届奥运会，到了退役的年龄了。一直很关心王义夫的李天波专门为此给他打了一个电话，电话中王义夫虽然萌生了退意，但是因为当时国家队的几名小将还缺乏参加大赛的经验，所以王义夫只能将退役的事情向后推了。想到王义夫每天都要拖着病痛的身体坚持去训练，李天波的心里十分难受。但是除了经常打电话嘱咐王义夫要多注意身休外，就是那句"要懂得调整自己"。

王义夫也很听李天波的话，从那以后，王义夫就减少了不必要的社会活动，除了必要的练习外，他就是待在学校里学习。在这样的劳逸结合下，王义夫的身体状况得到了很大的改观。在参加雅典奥运会前，他的身体都还不错，最后用一枚金牌，结束了自己的运动员生涯。

·陈一冰点评·

　　有一种友情，我们不会时时刻刻相见，但是却永远不会远离。有一种朋友，他不会经常陪在你身边，但是你开心时，他会为你祝福；你受委屈时，他会为你不平；你失意时，他会及时送上安慰。对于王义夫而言，启蒙教练李天波就在身边扮演着这样的角色。启蒙教练之于运动员，就像是伯乐与千里马之间的关系一样。伯乐能够在千万匹马之中发现具有日跑千里潜能的马，启蒙教练也是这样，可以说能够遇到一个赏识自己的启蒙教练，是非常重要的。这让我想起了自己的启蒙教练赵奇。

　　人们都说："师傅领进门，修行在个人。"话虽如此，可是真正做起来的时候，却并非如此简单。我刚刚进入体操队的时候才5岁。一个5岁的小孩儿能够懂得什么呢？就像一张白纸一样，教练怎么教就怎么学。赵奇教练也正是认清了这一点，所以他在训练我们时格外用心。当然，这用心里面也少不了严格，我至今还是有点怕赵奇教练。小时候，我们都被父母送到训练班，在班门口都是哭着闹着不肯进去，可是一进了训练班的门，谁也不敢吱声了，该干什么干什么。之前不理解，只是怕他，不敢做不好。但是长大以后，非常感谢他，如果没有赵奇教练，我都不知道自己现在在干什么呢。

赵奇教练带了我四年后，就被调入了专业队，第二年，我也进了专业队，后来我又进了国家队，但是一直没能再分到赵奇教练的手下。但是他一直很关心我，那种关心不会时时刻刻在我身边，但是在我需要的时候，总是不会缺席。

我很珍惜与赵奇教练之间的这段感情。同时，也很佩服王义夫在功成名就后，依旧没有忘记自己的启蒙教练。人就怕忘本，就怕在得意了之后就忘记了最早帮助过自己的人。

射击比赛中的"倒霉蛋"

雅典奥运会上，来自美国的射击选手马修·埃蒙斯在男子 50 米步枪卧射中，打到最后一枪时，竟把自己的子弹打到了别人的靶位上，结果白白让别人捡了块金牌。这金牌丢的，真是不应该呀。

射击运动员平时都是怎么训练的？

射击运动员在训练时，都会穿着特制的又硬又厚的衣服，一套衣服就有好几十斤，衣服都能自己站在地上。除了穿这么重的衣服外，他们每天都要趴在地上，用卧姿瞄准靶心一个小时，然后再半跪着瞄准一个小时，然后再站着瞄准一个小时……每天都是这样，休息一个小时，瞄准一个小时。是不是很辛苦呀？

大力神和他的保姆

一个鬼脸做出的未来

在古希腊神话中，有一个名叫赫拉克勒斯的神，他一生下来就喝了神后赫拉的乳汁，这使得他拥有了无比强大的神力。当他还是个婴儿的时候，有一条毒蛇缠住了他，结果却被他用手给捏死了。后来他长大后，经常为了帮助人们而跟巨人搏斗，杀害那些侵犯牧人的狮子和野猪，成为人们心中的大力神。

受这个童话故事的影响，希腊的人们很喜欢看力量型的赛事，比如举重。因此在 1978 年的希腊世界青年举重锦标赛上，举重比赛的观众席上座无虚席。与同是来参加比赛的欧美选手相比，来自中国的选手吴数德显得有些单薄，这是他第一次参加如此重大的赛事，尽管他只有 19 岁，但是在他的脸上却看不到一丝紧张和不安。在吴数德的身边，站着他的教练严教练。

该吴数德上场了。在他之前，很多大力士都没能将地上的杠铃举起，吴数德能做到吗？观众台上的观众有些不相信眼前这个黄皮肤，看起来肌肉也不怎么发达的小伙子。严教练拍了拍吴数德的肩膀，意思是让他放轻松，吴数德回头冲严教练露出了腼腆的一笑，就上台了。只见他弯下腰，双手握住杠铃的横杆，然后大喝一声，杠铃被轻松地举过了头顶。但是裁判却说成绩不合格，因为灯坏了。

这个结果让吴数德有些生气，为什么偏偏到自己这里灯就坏了呢？为了证明自己的实力，吴数德将原本的 97.5 公斤换成了 100 公斤。这一举动惊呆了场上所有的人，就连严教练也为他捏了一把汗。结果吴数德依旧像前一次一样，在大喝一声后，将杠铃举了起来，三盏表示通过的白灯全部都亮了。吴数德无可争议地登上领奖台的最高一层。

观众席上立刻爆发出阵阵喝彩，严教练也忍不住跟着拍起手来，自己果然没有看错这个从街上"捡来"的徒弟。

事情还得从 1973 年的夏天说起，当时严教练正坐着公交车穿梭在南宁车水马龙的大街上，忽然，公交车一个急刹车，停住了。大家都不满地向外望去，看看"罪魁祸首"是谁。就在这个时候，严教练看到了吴数德，这个背着一个斜挎包的男孩子，身影只是一闪，就跑到了人行道上。可能是为了安抚大家的情绪，他又回头冲着车上的人做了一个鬼脸后，才彻底地消失在人们的视线中。

回到家中，严教练的眼前总是会闪现出吴数德的样子，这个孩子的灵活与协调，还有他的爆发力，太适合练举重了。作为一名举重教练，他怎么能放过这么好的人才呢？不行，得找到这个孩子。下了决心的严教练从那天开始，便每天骑着一辆自行车，在南宁的大街小巷"溜达"开了。终于，在一群嬉闹的孩子当中，严教练再次发现了吴数德，并将他带到了体校的举重房。

"赫拉的乳汁"

　　第一次接触举重的吴数德感到新奇极了，他东摸摸西看看，想象着自己举起杠铃的样子，就像一个大力士一样，哪个男孩子不渴望拥有过人的力气呢？吴数德也不例外，几乎没有经过任何考虑，吴数德就做了严教练的学生。

　　但是练了3个月后，吴数德有些后悔了，因为他发现自己的饭量大增，而为了让自己吃饱吃好，家里所有人都不约而同地减少了食量。吃饭的时候，每个人的筷子都只夹素菜，不夹肉，为的就是把肉都留给吴数德吃。好几次，吴数德把盘子里的肉夹到了母亲碗里，母亲却又夹给他，并说他举重辛苦，要多吃些肉才行。一家七口人都要依靠父亲那点微薄的工资度日，吴数德不忍心全家人因为自己受苦，所以他决定放弃举重，先后从举重房里跑走了三次，每次严教练都不辞劳苦地将他找回来。

　　一边是疼爱自己的父母，一边又是有知遇之恩的教练，吴数德内心纠结极了。为了留住吴数德，严教练想出了一个办法，他在举重房的外面养了几只鸡，每天鸡下了蛋，严教练就会煮熟了塞给吴数德。于是大家经常看到这样的一幕，吴数德在举重房里一遍又一遍地举起杠铃，而严教练则一听到鸡叫就冲出举重房，然后取回新下的蛋，到厨房里煮鸡蛋。虽然严教练是吴数德的教练，但是从某种程度上说，他更像是一个保姆。教练的良苦用心感动了吴数德，他决定留下来，而且不但要留下来，还要拿上冠军，给严教练争光。

家人省出的几片肉和严教练的鸡蛋，就像是古希腊神话中喂养大力神的赫拉的乳汁，让吴数德的力气与日俱增，给了他无穷的动力，让他拥有了力量的源泉，使他在训练中更加用心，加倍努力。

就这样，在严教练的悉心指导下，吴数德认真地学习着每一个动作，任何一个细节他都不会放过。吴数德是一个十分聪明的学生，他懂得如何运用自己的特点，将协调性和爆发力充分发挥到了训练当中。对于别人来说枯燥而又乏味的训练，对吴数德而言却是一种乐趣，他觉得每次举起不同的重量时，肌肉都会发出不同的"声音"，这是十分奇妙的感觉。还有杠铃落地的声音，就像是一曲美妙的音乐，见证着他力量的爆发。

　　1984 年参加奥运会前夕，为了能够将最好的状态呈现出来，吴数德几乎从早到晚都不离开举重房半步，每天都要举起 30 000 多公斤的重量，如果每次举起 100 公斤的话，那他至少要举起 300 多次。每一次，严教练都不厌其烦地对他的动作和技巧做指导。

　　所以，当吴数德登上奥运会的最高领奖台时，他心里想的是，严教练也应该站在这里，因为没有严教练的"慧眼识珠"，就不会有拿了冠军的吴数德。

陈一冰点评

　　都说运动员辛苦，其实教练有时候比运动员要辛苦得多。对于运动员而言，我们只需要考虑自己的前途就可以了，但是教练却要考虑所有运动员的前途，要为每一个受训的运动员负责。

　　运动员只需要考虑自己有没有将动作做好，但是教练不但要考虑这些，还要考虑运动员们在生活上遇到的困难，不但要像一个老师般传授给我们知识，还要包容我们偶尔的任性和倔强。有一次，我们一个队友因为得到了一些小成绩，就有点居高自傲，不服教练的管教，但是随后教练不但原谅了他，还在他困难的时候出手相助。

　　在我们身边总有这样的朋友，他们无微不至地关怀着我们，凡事都为我们考虑周全，有这样一个朋友是幸运的，也是幸福的。

　　在伦敦奥运会上，虽然我没能拿到金牌，但是我却感受到了身边人的友爱。我们总教练黄玉斌是一个很少发微博的人，但是在那天晚上，他破例发了很多条微博。在里面他为我感到不公，对裁判的判决感到不服，因为我们没办法申诉，他就用这种方式为我讨回公道。看着黄教练为了我那么生气，我内心有些不安，怕他说得太多，给自己招惹麻烦，但是我同时也感到很幸福，那种被朋友保护，被朋友信任的感觉，对我走出那段阴霾起了很大的作用。

黄教练在生活中对我也照顾有加。作为体操队员，要时刻控制自己的体重，这时我就会不吃晚餐，但在黄教练看来这样做对身体的恢复是不利的。黄教练这时就会主动询问我需要不需要增加营养。同时，他还因为我把队里的晚餐时间提前，让我在训练的间隙把饭吃完，这样既能控制体重，还不至于影响我身体的恢复。可以说，黄教练在训练上是严父，而在生活中更像一个慈母！

巾帼不让须眉

之前的运动会上，是没有女子举重这个项目的。因为举办者们都认为女人的力气太小了，怎么能举起那么重的杠铃呢？但事实证明，女子也能做到。所以在 2000 年的奥运会上，才有了女子举重这个项目。

最矮的举重冠军

有一个名叫内姆的举重选手，他是世界上公认的最优秀的举重运动员，曾经获得过 1988 年、1992 年和 1996 年这三届奥运会的举重冠军，还获得过 22 枚世界锦标赛的奖牌，创下过 46 项世界纪录。可是他的身高只有 1.49 米哦，还真是一个伟大的小巨人呢！

女子体操

中国教练和外国娃

多动症女孩儿

在一个木匠和教育系统雇员组成的普通家庭中，一个瘦弱的小女孩儿出生了，为了表示对这个女儿的喜爱，这对夫妇给孩子起名为：肖恩，意为"上帝的礼物"。令夫妇二人没有想到的是，肖恩虽然体质较弱，但是学习能力却超强。人们都说"三翻六坐八爬"，意思是说，小孩子都是在八个月左右学会爬行，结果肖恩却越过了爬行的阶段，直接学会了走路。

随着肖恩的成长，父母发现，肖恩不仅仅是学习能力强，而且精力还极为旺盛。几乎从每天早晨睁开眼开始，肖恩就开始一刻不停地爬上爬下、跑来跑去，还不到一岁，她就能从自己的小婴儿床上翻上翻下了，就像动物园里的小猴子一般。

渐渐地，肖恩的父母认为，家里已经无法满足肖恩的活动需求了，这个活泼好动的孩子，必须要找到一个正确的渠道引导她释放活力。于是，肖恩的父母为她选择了女孩子最喜欢的运动——舞蹈。对于一般小女孩儿来说，舞蹈班的体能训练，就足以让她们筋疲力尽了，回到家只想休息，根本就没有精力捣乱了。但是对肖恩来说，却完全不是那么一回事。每天从舞蹈班回到家，肖恩的身上似乎还有使不完的劲儿。这不能不让肖恩的父母感到头痛：为什么舞蹈班不练习得再久一些呢？

不过很快他们就发现了另一个能够分散女儿精力的好办法，那就是体操训练。第一次接触体操，肖恩就爱上了这个运动，她总想待在体操训练房里而不愿意回家。尽管每天要进行的压腿、倒立等训练令她感到有些疲惫，但是却让她找到了"有事可做"的乐趣。不过这样的"好日子"并没有持续多久，因为肖恩的教练认为肖恩并不适合练习体操，因为她精力虽然旺盛，但是却没有表现出在体操方面的天赋来。练习体操可不是徒有力气就行的，还得有天赋。

就这样，当时已经5岁的肖恩被教练"赶"回了家。为此，肖恩着实难过了一阵子。5岁，正是进行体操锻炼的好时机，如果错过了，就要比别人晚起步，这对本来职业生涯就很短的体操运动员而言，无疑就是在浪费大好的年华。当然了，当时的肖恩并不懂这些，她只是为自己不能够再进行自己喜欢的运动而感到难过。

然而，上天不会亏待任何一个心怀梦想的小孩儿。肖恩不知道，这个教练不要她，还有另一个教练看上了她。天赋，也是需要发现的。

职场新手

这个教练就是乔良，一名来自中国的体操运动员。来到美国后，乔良先在依阿华大学深造了一段时间，然后就开办了自己的学校——"乔氏体操学校"。如果说做运动员，这个乔良很在行，但是现在要做校长、做教练，乔良也是新手上路。就这样，一个是职场新手，一个是多动症女孩儿，他们相遇了。

乔良来到美国的目的很简单，就是为了实现自己的梦想，他想让更多的孩子能够在体操这个领域找到属于自己的一席之地。就在乔良的体育学校正式成立那一年，肖恩6岁了。在年龄上稍微有点大，但是在见到肖恩的那一刻，乔良就在心里认下了这个徒弟。

在乔良看来，肖恩虽然不是最有体操天赋的孩子，但是这个孩子却有着不一样的一面，那就是特别能吃苦。体操训练是一项异常艰苦的活动，每天早晨一睁眼，小姑娘们就被叫起来，然后来到训练馆进行体能训练。这一天，她们要练习倒立，练习跑步，为了增加身体的柔韧度，还要进行十分痛苦的韧带拉伸训练，很多小女孩儿都会因为承受不了疼痛而哭泣。但是肖恩却似乎乐在其中，即便前一天累得满头大汗，第二天还是会笑容满面地准时出现在练功房中，乔良看出了肖恩是真的热爱体操，只有发自内心的热爱，才能在困难与艰辛面前毫无畏惧。

于是，乔良将肖恩视为自己来到美国后打的第一"仗"，决定好好培养肖恩。渐渐地，乔良还发现肖恩除了不怕吃苦以外，胆子还特别大。胆子大，这对平衡木动作十分关键，可以说有很多运动员都是因为胆子小，而无法在平衡木上发挥自己的本领。但面对只有10厘米宽的平衡木，肖恩一下子就上去了，在上面走来走去，完全不怕摔下来。乔良不禁对肖恩刮目相看，但是中国的教练不会这么轻易地表露出对学生的满意，所以在训练肖恩时，乔良总是一脸严肃的表情。

肖恩的"中国印"

对肖恩而言，这个中国来的教练似乎与美国的教练不太一样。比如：美国的教练很爱夸奖自己，无论自己做成什么样子，老师都会对肖恩说："还不错。"但是这三个字却很难从中国教练乔良的嘴里说出来，对于肖恩的动作，乔良说得最多的是："还差一点。"

每当看到教练绷着脸，嘴里说出"还差一点"时，肖恩就会有些气馁，但随即乔良对肖恩的指导，又令肖恩重新燃起继续训练的热情。时间一长，肖恩发现了教练的一个小"秘密"，每次她做完动作，不等乔良说"行"或"不行"，肖恩就能猜到准确答案。因为乔良在满意的时候，就会撇一下嘴唇，如果不满意呢，就会扬一下眉毛。

因为知道了这个"小秘密"，肖恩每次都能准确地掌握教练的心理。如果教练眉毛一扬，不用教练命令，肖恩就会自己把动作再重新做一遍。肖恩把乔良哄高兴了，自己也就高兴了。因为乔良一高兴，就会给肖恩讲地球另一面——中国的故事。无论是中国的历史文化，还是中国那群跟自己一样在练习体操的孩子，都能够令肖恩听得如痴如醉。在她小小的心里，慢慢播种下一个愿望，那就是训练，有朝一日能够跟着教练去中国看一看。

乔良很高兴自己的小徒弟能够对中国如此感兴趣，所以他作出了一个大胆的展望，那就是让肖恩站在奥运会的赛场上。要实现这个愿望，首先得做到一件事情，就是让肖恩进入美国的国家队。于是在异国他乡，举目无亲的情况下，乔良想到了一个最原始的沟通方式——写信。乔良给美国体操国家队写了一封言辞诚恳的推荐信，并且还附上了肖恩训练时的录像带。

这封信被美国体操队领队玛莎·卡利罗收到。这个举动在卡列罗看来，简直疯狂至极，在好奇心的驱使下，卡列罗读了信，并观看了录像带。说实话，在卡列罗的眼中，录像中的小女孩儿肖恩表现得并不是十分出色，但是她却说不清出于什么原因，肖恩身上似乎有一种吸引力，让人不得不被她眼中流露出的自信和乐观所感染。

于是，卡列罗同意了乔良的请求，将肖恩招进了国家队。当时只有 11 岁的肖恩在面对着比自己更加强大的队友时，内心感到了些许不自信，她曾在自己的日记中写道：

你知道自己所付出的奋斗和所承受的痛苦

当所有美好的都变成了坏的

在后台时，你崩溃了并祈祷着

尽管简单地想要放弃

但当压力压在你身上并使你痛苦

你怎么能够不出发

你怎么能够继续微笑

当所有的都叠在你身上

……

肖恩的状态全部被乔良看在眼里，除了鼓励与指导外，乔良还充当了"大朋友"的角色，及时帮助肖恩排解内心的不良情绪。

乔良的陪伴和谆谆教诲，肖恩一点一滴都记在了心里。

2008 年，肖恩的梦想终于实现了，她参加了北京奥运会，并且还夺得了女子平衡木的冠军。从赛场上下来后，肖恩第一个拥抱的人，就是她的教练乔良。细心的人会看见，在肖恩的赛服上，刻着"乔良"的名字。

·陈一冰点评·

　　其实在中国也有很多这样的现象，有很多的外国教练，在训练中国的运动员。我觉得体育是不分国籍的，融合在一起才能互通有无，取长补短，这也是奥林匹克精神的最终目的，通过体育，让国与国之间成为朋友，让不同肤色、不同国籍的人们建立友谊。

　　乔良是我们体操界的前辈，他对肖恩而言，就是一个打开了人生另一扇大门的引路者。我们生活中也有很多这样的朋友，他们身上的睿智、见识，无时无刻不引领我们向着更深远的方向走去。可以说，人生不能缺少这样的朋友。有这样的朋友，我们才能看清自己身上的不足；有这样的朋友，我们才能了解到更多未知的世界。这样的朋友就像是大海中的灯塔，能够让我们看清自己前进的方向。

　　我虽然没有外籍教练和训练师，但我还是非常幸运的，在我身边有很多优秀的职业导师，比如我的心理导师、我的营养师、我的体能老师等。有了他们的陪伴，我就不会让自己孤单。正是因为他们的存在，让我变得更加优秀。

几岁就可以练体操了呢？

体操可是要在很小的时候就进行训练哦。

一般男孩子在五六岁，女孩子在四五岁。所以，每一个练习体操的运动员，他们的年少时光都是在汗水与泪水中度过的。

平衡木一点也不平衡

平衡木是女子体操的项目。但是尽管它名字叫平衡木，可是站在上面一点也不平衡。你想啊，平衡木总共才 10 厘米宽，可能只够成年人站一只脚，更不要说在上面做出旋转、空翻等动作了，估计走两步都会掉下来吧。

女子排球

"假小子"和"不会笑"的教练

小小体育迷

有个体育迷爸爸是怎样一种体验呢？这一点郎平深有体会。当别的爸爸带着自己的孩子去游乐园、公园玩耍的时候，郎平是跟着爸爸在体育馆中度过的。耳濡目染，郎平对体育的喜爱也在与日俱增，而且她的运动天赋也逐渐地显露了出来。有一次，几个淘气的小男生要和女孩子们比赛爬树，其他小女孩儿都吓得张大了嘴巴，只有郎平走上前去，三下五除二爬上了高高的大树，当场惊呆了淘气的男孩子们。

随着时间的推移，郎平的个头儿越来越高，每次爸爸看着她，都会忍不住感叹："是块练体育的好材料呀！"爸爸的话印在了郎平的脑海里，她早就想去打排球了，每次爸爸带她到体育馆，她最喜欢看的就是排球比赛。赛场上的大哥哥大姐姐们，怎么那么厉害呢？能够一下子跳那么高，能够准确无误地将球击回过去。这些都在郎平小小的心里，化作了无数个惊叹号，等着她去细细体会。

皇天不负有心人。在一个周末，北京工人体育场业余体校排球班的老师来到郎平所在的小学挑选学生，当时已经六年级的郎平因为身高出众被选中了。而被选中才仅仅是开头，想要留下来可不是那么容易的，还得经过层层测试。郎平在心里默默为自己祈祷着："千万要通过呀！"结果郎平如愿以偿地留了下来，从此就开始了与排球相伴的人生旅程。

起初的训练是轻松的，几个小姑娘打打闹闹就完成了训练任务，但是越往后训练的难度就越大，每天郎平都是筋疲力尽地回到家。跟她一起进入排球班的很多同伴都坚持不住了，纷纷选择退出。其中一个女孩儿每天都与郎平一起上下学，最后她也选择了退出。因为每天都太累了，父母不忍心她受这份"罪"。看着同伴们一个一个离开，郎平也有些动摇了。

但是爸爸却对郎平说："吃点苦不算什么，既然喜欢排球，就要坚持到底。"爸爸说这话时虽然不严厉，但是却让郎平感受到了这些话的分量。爸爸的话让郎平明白，既然自己喜欢排球，那么就应该排除万难坚持下去。

坚持，是一个说起来简单，做起来难的词。在这个坚持的过程中，郎平常常练接球练得双臂又红又肿，常常一双鞋穿不了一个月就露脚趾头了……有时候，大家会笑她，总是穿着露脚趾头的鞋，但是郎平却丝毫不在意。比起那些正处在豆蔻年华的小姑娘们，郎平更像是一个"假小子"。

终于，凭借着吃苦和努力，郎平进入了北京排球队，成为一名专业的排球运动员。后来，在参加全国排球甲级联赛时，郎平遇到了她排球路上和人生路上的双重引导者。

魔鬼教练

从面相上看，袁伟民绝对属于慈祥的老师，但是真正接触起来，郎平可领教了他的厉害。在训练场上，郎平从来没有见袁伟民笑过，甚至有时候几个小姑娘聚在一起，还会讨论这个袁教练到底会不会笑。

其实，并不是袁教练不会笑，而是身上的压力让他根本笑不出来。虽然郎平她们的表现都很不错，但是这样的水平还是无法与国际上那些排球强国抗衡，如果自己带的这支队伍依旧无法冲出亚洲，站在世界排球的前列，那势必会让国人的希望变成失望。所以，为了振兴祖国的排球事业，袁伟民必须变成"魔鬼"一般的人物。

每天早晨一睁眼，郎平和她的队友们就被袁伟民叫到了训练场上，奔跑、弹跳、发球……一遍一遍地练习，常常练到深夜十一二点，有时候刚刚参加完国际比赛，第二天一早还是照练不误，几乎全年都没有假期，可是谁也不敢对教练说一个"不"字。袁伟民心里就一个念头——勤能补拙，所以他才会对郎平她们要求这么严格。有时候为了训练女队员们的力量，袁伟民还会专门让女排队员与男排队员进行对垒。一场比赛下来，郎平感觉自己都要累虚脱了。但是不得不承认，袁伟民的训练方式虽然严格，但是却十分见效。面对体力身高都要强于自己的男队员，女排姑娘也丝毫不弱。

在训练的时候，郎平最怕自己犯错误了，因为袁伟民不像一般的教练，做得不好批评一顿就可以了，这多少会让自己犯错的心理得到疏解。但是袁伟民却从来不会这样做，他只会给郎平时间，让郎平自己思考错在了哪里，需要怎么改正。这个过程虽然难熬，但是却让郎平早早地学会了自我审视。

就这样，在袁伟民的带领下。这支原本基础薄弱的排球队，成为一支能够与日本、美国等世界公认的强队抗衡的队伍。1979 年排球亚锦赛举行，袁伟民带领的排球队首次夺得了亚锦赛冠军，从此便一发不可收拾，从世界杯到奥运会，一路斩获了 5 枚金牌。这给了当时刚刚打开国门、走向世界的中国一次又一次的信心和勇气。

郎平也从此成为著名的"世界三大扣球手之一"。退役后，郎平先后去了很多国家，学习每个国家排球训练的方法。回国后，她成为国家女子排球队的教练员。面对一张张崭新的面孔和身上所肩负的责任，郎平一度感到很艰难。这个时候，袁伟民再次出现在了郎平的面前，他看着哭泣的郎平说了这样一句话："我们是强者，就要面对各种各样的困难。"这句话给了郎平无限的动力，正是因为自己是强者，才更应该勇往直前，成为更强的人。

在这期间，郎平昔日的队友去世了。追悼会当天，郎平和曾经的女排队员由袁伟民带领着进场，在进场前，袁伟民轻轻说了一声："别掉队，都跟上，别哭。"这一句话，让郎平的眼泪像决堤的洪水般溢了出来。这是当初训练时，袁伟民经常跟大家说的一句话。他正是做到了让每一个队员都不掉队，才培养出了勇夺五连冠的女子排球队，自己也要这样去做。

当郎平率领着中国女排再次一步一步登上胜利的巅峰时，她内心最想感谢的人，就是那个曾经被大家称为"魔鬼教练"的袁伟民。

人们常说："严师出高徒。"这句话一点也不假，尤其是在体育训练中，每一个登上最高领奖台的人，他的背后都有一名严格的教练。这不仅仅是技术上的要求，也是安全上的要求。因为很多在比赛中出现失误的运动员，都是因为动作没有做好，最终导致自身受伤。

郎平与袁伟民教练之间的情感很让人动容，训练时，他是郎平技术上的指导老师；生活中，他又是郎平人生中的指引者。正是因为有了袁伟民教练在背后默默地支持，郎平才能毫无畏惧地一往直前。

对于我来说，在5岁那年刚接触体操时，我的启蒙教练赵奇对我的要求是非常严格的。当初让我最难过的是压腿，压腿实在是太疼了。我当时忍不住就哭了起来，但是赵奇教练依旧毫不留情，直到动作做到标准为止。正是赵奇教练的严格训练，才有了今天的我。

后来，我进入了国家队。我刚刚进入国家队那段时间，特别没有存在感，人也变得很自卑，看着自己身边那么多冠军，而自己还一事无成时，我甚至开始怀疑自己是不是入错了行。这时，总教练黄玉斌说了一句让我终生难忘的话，他说："好好带一冰，这孩子是块料。"就是这句话，让我鼓起了继续练下去的勇气。

　　可能大家都有这样的体验，当我们在成长的过程中遇到困难时，总会有朋友陪在我们的身边，给我们鼓励，我们也因为朋友的鼓励而重新燃起希望。

　　记得当初体操界的前辈李宁给了我一张横幅，上面写着"冰力十足"，这简单的四个字，对于当时十分难过的我，就像是一道"创可贴"，给了我很大的安慰。所以，当我们身边的朋友遇到困难时，我们也应该及时去鼓励他们，让他们勇敢地面对困难。

魔鬼教练的魔鬼训练法

袁伟民教练有一个著名的"背墙一战"训练法，具体方法就是在离墙三米远的地方搭建一个有网的台子，然后让男队员将排球狠狠地扣下来。扣下来的球通常都会砸到女队员的头上或是脸上，这该是多么痛的"领悟"呀，不过好在女队员们很快突破了接扣球的心理障碍，学会了接扣球。

排球队从来不缺"高人"

和打篮球一样，打排球对队员的身高要求也很高哦。就拿女排队员来说吧，现在平均身高已经达到1.865米，身高超过1.90米的至少有五六人，最高的副攻都快两米了。更加关键的是，这群姑娘们的平均年龄才十五六岁，果然是江山代有"高人"出呀！

★女子体操★

严师出高徒

冠军没什么了不起

很多年前的一个夏天，马燕红正在跟几个小伙伴在学校的操场上跳皮筋，这是她最喜欢的游戏，因为她动作协调，节奏掌握得好，所以每次都是赢家。不远处，有双眼睛正在注视着她，并不住地点头。没过多久，马燕红就被选进了体操队，几年之后，她又被选进了解放军体操队。

在体操队的训练是艰苦的，每天都有练不完的基本功，而教练周济川又是一个异常严厉的人，每次马燕红都跑不动了，周济川还在不停地喊着："再跑快点！"有时候还会额外"照顾"她，别的队员都休息了，周济川还会让马燕红多跑两圈。虽然每次都被累得爬不起来，但是马燕红知道，教练这是为了她好，因为她是灵活有余，力量不足，而体操对运动员的腿部力量要求十分高，如果腿部力量跟不上来，身体再灵活也没办法做出那些高难度的动作。

马燕红的付出没有白费，她终于在一次世锦赛中，夺得了自己的第一枚金牌。握着那枚沉甸甸的金牌，马燕红知道这里包含了自己多少泪水和汗水，想到这里，马燕红自己都为自己感到骄傲。得了冠军的第二年，马燕红所在的体操队要到天津参加比赛，马燕红第一个出场，结果她却在表演高低杠时出现了失误，一下子从杠上摔了下来，一屁股坐在了垫子上。原本还在为她喝彩的观众们立刻静了下来，那寂静犹如无声的巴掌一样，让马燕红的脸火辣辣地烫。

回到休息室后，马燕红叫来了一个年龄较小的队员，然后让她告诉教练周济川，自己因为腰不舒服，所以后面的项目不想上了。周济川一听到这个消息，就怒气冲冲地进了休息室，指着马燕红呵斥道："你以为得了冠军就了不起了吗？如果你现在不上场，就臭名远扬了！以后你会后悔的。外面有几千双眼睛等着看你的表演，你就是爬，也得将后面的项目表演完。"说完，教练一甩袖子离开了。留下马燕红一个人坐在休息室里，教练的话就像一声声闷雷，震得她的耳朵嗡嗡直响，震得她的心怦怦直颤。等冷静下来后，马燕红觉得教练说得对，从哪里摔倒就要从哪里站起来，如果站不起来，别人一定会嘲笑自己。

　　大约过了 20 分钟，马燕红调整好心情，再次站到了赛场上，后面的项目分别是跳马、平衡木和自由操，有了前面的失误，马燕红在后面的三个项目上不允许自己再出差错，她全力以赴地完成了动作，再次收获了观众们热烈的掌声。但是当她偷偷瞄向教练时，却看到了一张冷若冰霜的脸。马燕红那刚刚翘起的"小尾巴"又耷拉了下来。

　　赛后，周济川将所有的队员都叫到一起开会，总结这次比赛的经验与教训。在会上，周济川当着所有人的面批评了马燕红，当时还有很多刚刚进入体操队的小队员，大家的眼光纷纷看向马燕红，她恨不得找个地缝钻进去。

　　散会后，教练又单独留下了她，这一次，周济川没有再批评她，而是耐心而又详细地帮她分析了产生失误的技术原因，马燕红把教练的话一字一句地记在了心里。同时，她也明白了教练的良苦用心。

逼出来的坚强

　　可能是上天故意考验马燕红，5个月后在美国比赛时，马燕红又在第一个项目高低杠中出现了失误，依旧是从杠上掉在了地上。这一次，马燕红的表现与上一次截然不同，她不再感到丢脸，而是仰起头，甩了甩胳膊，继续完成了下面项目的比赛。最后因为高低杠的失误，马燕红只拿到了第四名，但是这一次马燕红却看到周济川笑了。马燕红知道，教练的笑容不是因为第四名是从未取得过的好成绩，而是因为自己成熟了，教练为自己感到高兴。

　　但是在这个日渐成熟的过程中，马燕红遭遇的挫折不止一次两次，先是有一次因为不熟悉器材，导致了动作失败；还有一次是在训练前夕，因为脚踩错了位置，导致脚趾骨折，错过了比赛……很长一段时间内，马燕红都没有取得好成绩，这样一直有些心高气傲的马燕红有些受不了了，她萌生了退役的念头。

　　当马燕红艰难地对周济川说出"不想练了"这几个字

时，周济川气得将手中的训练日记摔到了地上，教练以为马燕红是嫌累了，怕苦了，但是马燕红却是因为觉得自己运气太差了。得知真相的周济川气立刻消了一半，原本打算教训马燕红的话，变成了鼓励她的话："难道你忘了你这些年付出的努力了吗？忘了发誓要参加奥运会了吗？不要用运气去决定自己的未来，那等于在否定你自己的努力。我相信你，只要你坚持下去，就一定能实现自己的目标。"

周济川的话让原本内心就深爱体操的马燕红立刻认清了自己，所以她又留了下来。为了增强马燕红的信心，周济川专门为马燕红量身打造了一套动作，这套动作能够充分发挥马燕红身体灵巧的特点。为了不让周济川失望，马燕红拼命地练习，为了找准在杠上的感觉，她还将肚子上和腿上的护垫取掉了，这样虽然能够更加准确地把握动作，但是同时肚子和腿部的皮肤也会被磨得生疼。

如果说训练带来的疼痛马燕红还能够忍受的话，那慢性阑尾炎带来的疼痛，则让她有些坚持不下去了。可是奥运会开幕在即，已经没有时间让她做手术、休养了。所以除了忍着，别无他法。动作是越练越熟练了，但是肚子也越·

来越疼了。就在洛杉矶奥运会体操决赛的当天，马燕红的阑尾炎又发作了，她疼得在椅子上缩成了一团，心里默念着："快点过去，快点过去……"以往，她坚持一会儿，疼痛感就过去了，但是这一次病痛好像故意跟她作对一般，眼看着就要上场了，疼痛感依旧没有消失，马燕红只得央求医生给她打一针止痛针。但是止痛针的药力是有限的，为了在高低杠上将自己苦练的"绝活"亮出来，马燕红向周济川建议自己前面的项目不上了，在最后的高低杠上拼了。

但是根据比赛规则，要参加单项比赛，必须要有全能比赛的分数，如果不参加前面的比赛，那就意味着高低杠项目也上不成了。

"能咬咬牙挺住吗？"周济川满眼期待地看着马燕红。陪着马燕红训练了这么久，他真的不忍心看着马燕红功亏一篑。

最终，马燕红在周济川期待的目光中，点了点头。结果奇迹发生了，病痛被马燕红的意志给击退了，她的动作越来越自然，越来越流畅。人们仿佛看到了一只在杠上自由飞翔的小燕子。落地时，她的双脚又像生了钉子般，稳稳地"钉"在了垫子上。

比赛结束后，所有的裁判都给马燕红打了 10 分，这是最好的分数，也是对马燕红的最高嘉奖。这一次，周济川又笑了，他知道这只"小燕子"终于飞出了一片属于自己的天空。

人在取得成绩时，往往都会骄傲，而骄傲又是人生路上的绊脚石。如果没有周济川教练严厉的教训，恐怕我们也没有机会看到那惊鸿一瞥的"马燕红下"了。所以，当你取得成绩时，不要骄傲，应该用谦虚的态度去对待。因为我们所取得的每一个成绩，都不是自己的功劳，这里面有老师的教诲，有父母的无私奉献，还有朋友的真心鼓励，因为有他们，我们才能取得成绩，没有他们我们可能什么也做不成。

记得我每次获得很好的成绩时，黄玉斌教练都会提醒我："陈一冰，有一天我说的计划你不能完成的时候，或者你自己已经开始安排计划了，你就选择退役吧！"也就是说，你一定要按照制订的计划去完成训练，这样才有效果。如果完不成或不能执行制订的计划，你的训练就已经不系统了，就很难取得成绩了。就是因为黄玉斌教练的这句话，我从来都不敢骄傲。

黄玉斌教练在教我们的过程中，会随时调整我们的状态，他以他的经验和水平来指导我们。我们知道，运动员是有一个生理期的。在你状态好的时候，有经验的教练会压一压你；在你的低潮期，教练不会让你停，他会让你适当地练一练，不让你出现伤病，让你始终保持着一个非常好的状态，到了真正比赛的时候你就会有非常好的发挥。

我很感谢那些在我取得成绩时，给我当头一棒的人；感谢那些在我取得成绩后，还不停要求我继续再创辉煌的人。

绝迹江湖的中国式绝招

中国体操之所以能够称霸"江湖"这么久，除了跟我们自身的身体灵巧度有关外，还在于我们能够创新。但是很不幸，有一些创新的动作，由于难度系数太高了，别的国家的队员做不了，所以被无情地禁止了。

这些动作有：马燕红下、莫慧兰空翻、刘璇单臂大回环、奎媛媛平衡木炫目……这些惊世骇俗的动作，在以后的奥运会体操比赛中是看不到了，真是可惜呀！

失误有时候等于受伤

体操运动员在训练的时候不但十分艰苦，而且还十分危险。我国著名的体操运动员李宁在训练的时候，有一次没有抓住杠从上面掉了下来，他的教练立刻接住了他，结果他的教练手臂断裂。可想而知，如果是李宁自己掉在地上，该摔得多么惨呀！所以说，每一道光环背后，都是鲜为人知的付出。

奥运冠军陈一冰给孩子的运动建议

吃得不对怎么办

在运动之后，有的小朋友认为锻炼后就是要多吃，多喝；还有的孩子在锻炼后会只挑营养价值高的食物吃。其实，这些做法并不对，具体做法是：

第一，锻炼后补充水分最好多次少量地进行，不要"暴饮"，若出汗过多，应在水分内加少量盐，避免虚脱。只有让孩子保持良好的水营养，他们才能有良好的体能和健康状态。

第二，增加必要的蛋白质，以补充锻炼时的消耗。膳食中蛋白质应争取一半来自鱼、瘦肉、蛋类、奶制品和豆类食品。

第三，增加各种维生素摄入量，主要是维生素 C，其次是维生素 B_1、维生素 B_2。这些维生素在蔬菜、水果、粗粮中含量较多，在膳食中应加以补充。

第四，适当增加食量，以补充锻炼时消耗的热能。

此外，还必须注意体育锻炼后因大量出汗导致的唾液、胃液、肠液和胰液分泌减少，以及胃液酸度降低，肠液中消化酶减少。而且由于大量饮水，会抑制消化系统的正常功能，进而影响食欲。因此，一定要注意饮食的烹调技术，应该经常调换花色品种，适当吃些糖醋菜肴，促进胃液的分泌。同时适当增加餐次，尽量安排在休息时或起床后进餐，以适应体育锻炼后食欲较差的特殊情况。